传统聚落外部空间美学

金东来 著

江苏凤凰科学技术出版社

本书由大连民族大学建筑学院资助出版

序

  首先，我要感谢金东来老师对我的信任，有机会为这本学术论著写序。美学不是我的研究领域，但是，关于"美学"的探讨已经是一个悠远的话题了。从精神生活的层面来讲，我们必须承认这样的一个事实：认识问题的深度不同，所获得的美学信息和意义也有所差异。任何微妙的思考都有可能引发深刻的和有意义的启示，我们没有必要主观地界定和判断这种思考会产生多大的影响，但是有一点是毋庸置疑的：当我们的思考能够产生互动后，对于学问才有产生深度和厚度的可能。多年来，我一直对中国传统村落开展研究，希冀从客观的角度来描述与解读村落的生成与演化，这其中所反映的美学意义是客观和直观的，也希望有相关的学者用更加系统的方法来阐述。今天看到金东来老师的著述，觉得非常有意义，他对美学问题的探讨更多的是建立在感性认识的基础上，是在直觉与逻辑、现象与原则、自律性与限制性等矛盾中游走的讨论。审美活动也是精神、思想层面的文化思考，即使不是直接的成熟的关于美学的研究也是有价值的。

  在研究人类精神活动的历程中，关于艺术原则的探讨都应该认为是关于美学的探讨，黑格尔在《美学》中提到"通过研究建筑、雕刻、绘画、音乐、诗歌可以获得关于美的原则"，从西方古希腊的哲人到今天我们中国所能历数的美学大家，都从不同的思想角度给予了我们关于美的认识方法和对审美价值的认识方法。金东来老师的这本论著以具有中国传统典型意义的聚落为案例，从研究方法的探讨开始，对其外部空间所展现的美学含义进行了分析，并阐述了各个美学要素之间所展现的关联性，建立了一个清晰的传统聚落外部空间美学的研究系统。

  任何主动的学术思考和学术探讨都是值得尊重的并有其存在的价值，相信该著述会给从事相关研究的学者提供有意义的启示。

大连民族大学建筑学院教授、工学博士

2016 年 7 月 16 日于大连

目　录

1 绪 论

"建筑的问题必须从文化的角度研究和探索，因为建筑正是在文化的土壤中培养出来的；同时，作为文化发展的过程，并成为文化之有形的和具体的表现。从这个观点出发，有助于我们认识建筑文化的地方性。"

——吴良镛《广义建筑学》

1.1 聚落美学的文化价值

中国是一个幅员辽阔、人口众多的国家，地处亚洲大陆的东南部，从地理条件上来看，东南由太平洋环绕，西北横亘漫漫沙漠，西南则是世界最大的青藏高原，内部形成广阔宜人的生存环境。相对独立的地理条件和温暖舒适的气候条件，使华夏民族的先民们良好地发展了作为基本求生方式的聚居生活模式和原始农业。我国长期以来保持着以农耕为主的生产方式，形成了相对封闭、独立和稳定的文化体系。这种文化体系中包含着日复一日、年复一年的劳作所获得的经验，同时也蕴含着创造与自然之间的平衡。19世纪以前，华夏文明也曾多次受到异族的侵扰，但都没有从根本上动摇延续了几千年的文化根基，然而近一个半世纪以来，各种社会力量的冲击却在我们与历史之间划上了一道难以抚平的天堑，今天的中国人不得不面临一次严峻的文化抉择。

从历史中发现未来是人类创新的一条重要法则。中国建筑历史不乏对古代宫室、坛庙、陵寝、苑囿以及古代城市的研究，经过先辈们对历史遗迹的考证和对古文献的钻研，这些研究已经取得了辉煌的成绩，从中也映射出中国古代社会普遍的价值观、审美观和技术水平。然而，上述建筑类型在具有代表性的同时，也存在着片面性，即在意识形态领域只代表了古代强势的统治阶级的立场和追求，而不能充分反映占人口绝大多数的底层人民的思想感情。也就是说，它所反映出的文化并不是中国传统文化的全部，而是其中的经典部分，是拥有强大世俗力量和言论权力的上层社会所推崇的文化。很显然，这种文化特征是既鲜明又具有局限性的，在创造风格的同时也压抑了民众的情感和创造力。因此，如果想要真正了解中国"人"的文化，倒要从人们普遍的生活中寻找、挖掘。在我国的思想界有这样一种观点很值得回味："仅仅由思想精英和经典文本构成的思想似乎未必一定有一个非常清晰的延续的必然脉络，倒是那种实际存在于普遍生活中的知识与思想却在缓缓地接续和演进着，让人看清它的理路。"[1] 传统聚落即是这种大众文化的某种物质呈现，为此，本书将研究的范围确定在我国传统聚落空间。

聚落是我国古代人民最为普遍的居住形式，是人们在一定的地理条件、气候条件、社会条件、技术条件以及生活条件下自发形成的，在没有设计师统筹的情况下发展起来的。长期以来的生活实践中，人们不断地将朴素的审美情趣和价值观注入到生活于其中的聚落空间里，造就出多种多样但又真实优美的聚落物质空

[1] 葛兆光，《中国思想史·第一卷》，1998年。

间环境，成为我国不同地区地域文化的载体。我国的传统聚落与古代城市、庙宇、园林不同，政治环境、宗教力量与美学需求在聚落中并不占有统治地位，人们日常的生产生活、行为习惯和价值观成为构筑聚落空间环境的原动力。聚落中最为生动活泼的部分就是相对于住宅院落而言的外部空间，本书所研究的范畴就是传统聚落的外部空间环境，从而挖掘出聚落的文化意义和美学价值。本书不探讨同聚落研究相关的社会学、人类学、生态学、文物保护及旅游开发等方面的问题。

1.2 理论研究综述

由于聚落本身承载着浓厚的历史人文信息，故以往的研究多倾向于从民族学、民俗学、社会学、地理学等领域着手来研究聚落变迁的历史、宗族制度、民俗习惯、建筑形制等问题，对设计学产生了不小的影响。然而，从直觉感知聚落的空间审美仍然是设计领域的核心问题。聚落不是在一个统一的设计思想下，而是在数代人经验的不断积累下逐渐形成的，因此我们必须深入到聚落中细心体会每一点一滴的前人的智慧。此外，因为聚落的形成不是出于政治和艺术，而是出于劳动人民的生活，因此我们必须发现聚落中超越形式美以外的更为真实的美，只有这样才能获得聚落带给我们的更多启示。可以看出，从空间体验所获得的第一手材料出发来研究传统聚落的外部空间形态对历史保护研究、指导设计实践以及进一步挖掘地域文化具有重大意义。本书的目的就是以传统聚落为研究对象，挖掘聚落空间的美学意义及其成因，并总结出构筑空间的设计方法，以便在我们的设计实践中起到启发性作用。

1.2.1 国外相关研究

城市设计的历史几乎同城市文明一样久远，不同的历史时期所建设的城市具有不同的形态特征。古代罗马力量衰落以后，整个欧洲留下了许多的前哨居民点，其中的一些发展成为繁华的城市，这些中世纪城市遵循自下而上的法则发展起来，合乎逻辑地呈现中心放射型。"中世纪城市环境美好朴素，仅用草图就可以描绘它们而不需要理性的或抽象的设计理论。"[2] 中世纪的广场是极富趣味性的，在广场中游走会发现其中的建筑物、雕像以及沿展开去的街道呈现各种不同的透视关系。视觉序列景观分析是一种设计者本人进行的空间分析技术，人类的大脑对于事物之间的对比和差异容易产生反应。当人们在城镇中穿行时，视觉感受到的场景的变化，可以用草图描绘下来验证我们的体验，对视觉信息进行记录是空间设计研究的一个必备的方法（G·卡伦，1992）。对于序列的研究不仅是通过视觉，空间的收放转合、地面的高低错落、界面的扬抑对比、形体的紧张舒缓都会影响一个空间序列的形成效果。不仅城市空间是这样，一栋建筑或一组建筑群同样具有感人的序列空间（托伯特·哈姆林，1982）。从城市整体结构来看，张力和运动系统是巴洛克时期城市空间的典型特征，城市的设计结构通过一个个标志物建立起来，这些实体之间形成生机勃勃的力的流动，构成放射状的张拉关系，这种张力起始于每个放射中心而通向外部的城市空间，它的终点决定着空间的形式（培根，2003）。研究城市空间也不单单是研究者本人的事，绘制心智地图就是一种需要群众参与的城市设计研究方法。这种方法是从认知心理学领域汲取的城市空间分析技术，研究者通过询问或书面方式对居民的城市心理感受和印象进行调查，而后对调查结果进行分析，必要时转译成图表的形式，或是直接鼓励被调查者自己绘制心智地图，为城市设计提供有价值的出发点。林奇教授通过这种方法对三个城市进行调查并总结出的城市设计五要素，长期以来一直成为指导我们进行城市设计的重要法则（凯文·林奇，2001）。建筑学领域关于空间的专著层出不穷，芦原义信用最直接的方法告诉我们如何去创造空间，在其《外部

[2] F·吉伯德，《市镇设计》，1983 年。

空间设计》一书中，创造性地提出了内部秩序与外部秩序、积极空间与消极空间、逆空间等一系列具有启发性的概念，既包含了空间论，也包含了方法论，在实践中极具参考价值（芦原义信，1985）。这些研究工作以在传统城镇中的亲身体验与调查为基础，分析比较了大量的城镇实例，并总结出一系列成熟的空间设计方法和原则。这些研究成果已经是今天最常见的城市设计领域的经典著作，并成为我们研究城市空间的理论基石。

日本的学者也开展了世界范围的聚落调查研究工作，他们的研究与纯粹的建筑设计研究不同，而是一种关于住居与自然、时间与空间、构件与营造、地理气候与文化信仰等任何聚落中可能涉及的因素间相互作用的哲学。20 世纪 70 年代以来，以原广司、藤井明教授为代表的学者开展了世界范围的聚落调查研究工作，他们用建筑师特有的敏锐目光捕捉聚落中一切有生命力的元素，把聚落看成是生存在地球上的人类的记录。原广司的研究回避了某个聚落本身所固有的内容，而是对人类生存记录做表层的解释，这种哲学思考教会我们如何从聚落的启示中去设计建筑，而不是了解某一类聚落的历史或者是照着聚落的模样再造一个相同的建筑群（原广司，2003）。他们对于聚落的形态也做了较为直观的研究，从聚落的现象中抽取出构筑社会环境的空间概念，提出聚落中从选址、聚落形态到住居的差异性，并通过布局的理论、配置的理论和形态特征的理论总结出若干空间设计技法（藤井明，2003）。这些研究向我们传递了这样一个信息——传统聚落中所孕育的巨大的生命力将成为一切富有创造力的设计的源泉。

1.2.2　国内相关研究

我国的聚落研究是在民居研究的基础上发展起来的。自从 20 世纪 80 年代开始，在民居研究过程中，部分学者把目光转向住宅外部更广阔的领域——聚落，有关聚落的研究主要有地理学、民族学和建筑学三个学科。在建筑学领域，可分为发展变迁研究与构成研究两个方向。发展变迁研究着重研究乡土建筑与历史、社会、文化的关系。构成研究又可分为两个层面：其一为社会层面，主要研究聚落的社会结构、经济结构和文化观念；其二为物质层面，也是与建筑学最为贴近的一个部分，即空间景观构成研究。从研究的深度上来看，国内的研究往往侧重于两方面，即聚落群体（宏观层面）和住宅单体（微观层面），而对于人们能置身其中感受到的外部空间（中观层面）的研究则为数不多。

我国最为常见的民居分类是按照行政区划进行的，但是传统民居及其聚落的环境空间结构本身不可避免地会受到自然因素的影响。在房志勇的研究中，提出以"中国传统民居建筑气候区划"作为研究民居及其聚落环境与自然因素间的相互关系的参考体系，将全国划分为 13 个民居建筑气候区，并对各个不同的气候区进行编码，每个区有相近似的气候特征。该研究还列举了位于 11 区的广东民居和位于 13 区的喀什民居由于自然气候影响所形成的空间形态特征，对聚落研究有很大启发（房志勇，2000）。除了气候条件影响之外，地理条件同样影响着聚落的空间形态特征，以山地聚落为例，川渝地区小城镇的功能结构形态和物质空间形态都受到山地地形的影响（赵珂、王晓文，2004）。 同样，山地城市的街道空间也呈现出适应性、立体性、层次性、综合性等特征（陈纲、戴志中，2004）。

20 世纪 80 年代以来，人们发现以往的民居研究存在着显然的片面性，于是部分从事建筑设计和建筑教育的工作者开始从建筑学角度来研究聚落的群体空间，这种研究必须经过艰苦的实地考察和敏锐的洞察力以及丰富的想象力才能获得更具启发性的信息。彭一刚的《传统村镇聚落景观分析》是一部较系统地研究聚落外部空间的著作，该书分析了自然条件、社会条件对聚落形成的影响，概括了我国村镇的若干种类型，列举了聚落中的景观要素，并结合实际工程项目评价其实用性（彭一刚，1992）。该书涵盖的内容比较全面，但还不能成为一套成熟的空间设计理论。另一部近来较有影响的著述是《城镇空间解析》，研究范围限定于太湖流域这一特定的地域范围，这样可以深入研究地理、文化因素对空间形态的影响；研究内容深入到空间形态和空间结构，探寻聚落内部的数学关系；踏勘数据和图片资料很有说服力，研究方法是从实例中抽象出共性、推演出理论，用结构主义的研究方法将"群""序"及"拓扑"三个数学母结构作为原型对城镇空间进行解析，并再试图用实例说明（段进、季松、王海宁，2002）。

1.3　本书研究的典型聚落概况

世界上不存在两个完全相同的聚落，所有的聚落都是独特的。日本学者藤井明在《聚落探访》一书中提出两种调查方法。其一是尽可能到实地去，从内部了解当地的社会，这是文化人类学的研究方法；其二则是以过客的眼光观察事物，调查的武器就是建筑师的眼力。无论用何种方法，都要求我们亲自走到传统聚落当中去。

我国是一个拥有 960 万平方公里土地的大国，地理气候差别极大，不同地区的民俗民风也各不相同。想要全面地调查我国所有的传统聚落的外部空间需要大量的人力物力、资料文献以及知识技术的支持，在现有的条件下是无法完成的，目前比较有效而且可行的方法是选取一些保存完整、文化特征明显、背景资料比较丰富的聚落作为对象进行研究。由于我国地域特点、地区文化差异较大，聚落也呈现出不同的样态，比如村、镇、场等。基于此，本书选择了苏州、徽州和巴蜀的部分传统聚落作为研究案例，本节对上述三个地区古村落的基本概况作简要介绍。

1.3.1　苏州传统聚落——镇

苏州地处江南，位于太湖之滨。土壤肥沃，适于农业劳作；水网纵横，便于商业运输。自隋唐以来，苏州一直是我国南方的经济中心。清代以来，官僚富贾定居苏州者众多，开辟出不少优美的宅地（图1-1），使苏州民居成为江南一带民居的代表。

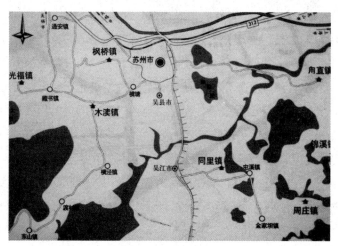

图1-1 苏州古镇分布（录自《中国古镇游》，陕西师范大学出版社，2002）

江南文化相对北方文化而言较少地受严格礼制思想的束缚，更为重视物质生活，加上苏州地区河网密布、市镇拥挤、土地紧张，因而在建筑布局、街道走向上都无定式，形成了与北方截然不同的街巷景观。古镇的整体环境也深受文人文化的影响，无论是建筑装饰还是院中小景，都追求沉稳、雅致的意境，白墙灰瓦、小桥流水，都体现出朴素轻灵之美，最具代表性的是周庄、同里两镇。周庄，春秋战国时期境内为吴王少子摇的封地，称摇城，后又称贞丰里。北宋元祐年间周迪功郎信奉佛教，将庄田13公顷捐给全福寺作为庙产，百姓感其恩德，改地名为周庄。宋高宗南渡后，人烟渐密，于元代中期飞速发展，成为苏州葑门外第一巨镇。同里，旧称富土，唐初改为铜里，宋改为同里。同里四面环水，古镇镶嵌于同里、九里、叶泽、南星、庞山五湖之中。镇区被15条小河分隔成7个小岛，而49座古桥又将小岛穿为一个整体。镇上建筑依桥而立，以"小桥流水人家"著称，是目前江苏省保存最完整的古镇之一。

1.3.2 徽州传统聚落——村

徽州，简称"徽"，古称歙州，地处安徽南陲的黄山、白岳（齐云山）之间，北有黄山迤逦而去，南有天目山绵延伸展。由黄山市的歙县（含现徽州区及黄山区汤口镇）、黟县、休宁（含现屯溪区）、祁门及婺源（现属江西上饶）、绩溪（现属安徽宣城）六个县组成。徽州自古就是一个独立的单元，山地及丘陵占其十分之九，"山限壤隔，民不染他俗"。在历史时期，徽州家族制极为盛行，各姓聚族而居，风俗古朴，"千年之冢，不动一抔，千丁之族，未尝散处"[3]是徽州民间社会构成的主要特征。此外，徽人经商也声名海内。早在东晋时代，徽州人就已经远贾异乡，奋迹商场，在明清时代更为辉煌，所谓"海内十分宝，徽商藏三分"，随着新安商贾财力的如日中天，皖南一时文人、官僚、巨贾郁起，徽州文化更呈现灿烂的一瞬。

如今，徽州遗留了大量的民居建筑（图1-2），黟县的西递、宏村已经被评为世界文化遗产，南屏村、关麓村、渔梁镇、呈坎村，婺源的李坑、思溪等村也都保存完好。徽州民居特点鲜明：四水归堂的内天井、马头墙、人头窗，精致的木雕，雄伟的祠堂，成群的牌坊等都作为中国传统建筑的符号而为人所共知。

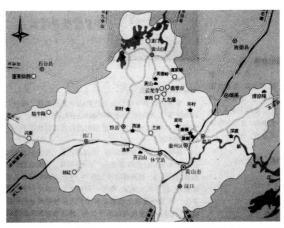

图1-2 徽州古村落分布（录自《中国古镇游》，陕西师范大学出版社，2002）

3 王振忠，《乡土中国：徽州》，2000年。

1.3.3 巴蜀传统聚落——场镇

巴蜀地区中国西南地区，大致范围包括四川盆地及其附近地区，即今四川省、重庆市及陕南、黔北、鄂西等地。巴蜀自古就是我国著名的农业区，暖湿的气候、丰沛的降雨和勤劳的人民使这一地区的粮食和经济作物的生产都十分发达。山川丘陵之间分布着大大小小1000余条河流，依靠这些河流形成的不同规模的市镇有数千个之多，这些市镇不论大小，都发挥着一方中心的作用（图1-3）。巴蜀市镇的布点是以农业地理为基础，而围绕农业城镇所发生的商业行为又使农业市镇更加完善成熟，中心地位也更加突出。这些市镇在四川被称为"场镇"，在季富政的《巴蜀城镇与民居》一书中，把"场镇"定义为"市集和小商业都市的合称，是基层行政区域单位，以工商活动为主的小于城市的居民区"。[4]

巴蜀地形复杂，与中原地带文化差异很大，所产生的聚落形态与中原地带大相径庭。在笔者的调查中，主要以川东、巴渝山地场镇的空间形态为研究对象，而对具有明显合院特点的蜀中大院研究较少。这类场镇有依山而建的，也有临水而居的，设计手法洗练，颇具地方特色。聚落空间以街巷和中央广场为主要元素，创造出多种多样的场镇公共空间。

[4] 季富政，《巴蜀城镇与民居》，2001年。

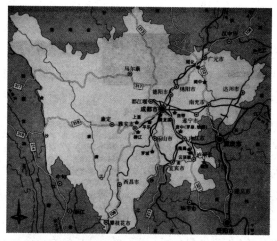

图1-3 巴蜀古村落分布（录自《中国古镇游》，陕西师范大学出版社，2002）

1.4 聚落美学的研究方法

1.4.1 空间研究方法概述

不同历史时期、不同生产方式和生产力水平会产生不同的城市设计思想及相应的设计方法，在历史上大致可以概括为两种价值取向，即"自下而上"的设计和"自上而下"的设计。所谓"自下而上"是一种有机的设计方法，往往发生在社会关系相对稳定的城镇设计中，"这种城镇相对内向、自给自足，以一种对外界依赖程度最小的规模和方式生存，并在一个不太大的文化辐射圈里，形成人与人、人与社会的相互作用，这种方法一般是自然经济模式中的城镇建设途径。"[5] 在这些城镇中，工匠们所使用的方法一旦被证明是合理的，就会代代相传，以一种因袭的设计和实用主义的设计发展下去，使城镇形态在比较长的时间跨度内保持相对稳定的渐变，我国的传统聚落就呈现出这样一种不规则的用地形态特征。从浙江西塘的总体布局来看，建筑群落沿河道展开，生长出不规则的空间形态，即是"自下而上"的城市设计方法的反映（图1-4）。相反，"自上而下"的设计则是建立在一种有序的政治制度之上的，是指按人为力的作用，依某一阶层甚至个人的意愿和理想模式来设计和建设城镇的方法。这种方法依赖的是一种强有力的控制手段，比如宗教、政治、法律等。所反映的是统治阶级的生活理想，结构比较整体，平面规则，等级严格，呈几何形态，比如，我国古代的城市规划即是在这种方法的指导下完成的，元大都的城市规划就是一例（图1-5）。

对于具体的城市设计方法，王建国著的《现代城市设计理论和方法》一书中有所归纳。基本方法可以分为四类：其一是物质—形体分析方法，其二是场所—文脉分析方法，其三是相关线—域面分析方法，其四是城市空间分析的技艺。以上这四类方法基本涵盖了一般城市设计研究方法，从空间、行为和文化等方面进行了归纳，鉴于研究对象的特殊性，本书所采用的研究方法主要是序列视景分析、图形背景分析、场所结构分析和文化生态分析四种。

5 王建国，《现代城市设计理论和方法》，2001年。

16

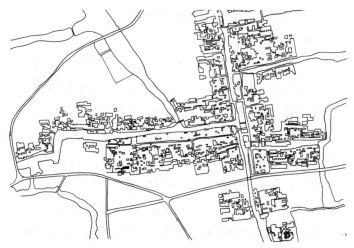

图 1-4 西塘总体布局（ 绘自《城镇空间解析—太湖流域古镇空间结构与形态》， 中国建筑工业出版社，2002 ）

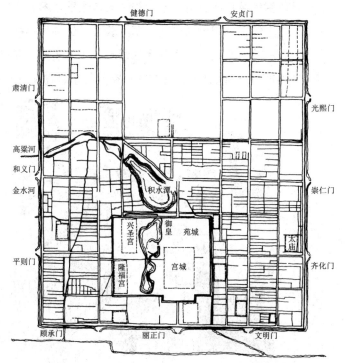

图 1-5 元大都总平面（绘自《中国古代建筑历史图说》，中国建筑工业出版社，2002 ）

1.4.2　传统聚落外部空间设计研究方法

（1）序列视景分析方法

　　序列视景分析方法是一种设计者本人进行的空间分析技术。这一分析技术有两个基础。其一是格式塔心理学的"完形"理论，他认为城市空间体验的整体由运动和速度相联系的多视点景观印象复合而成，但不是简单的叠加。其二是人的视觉生理现象，据相关研究，视觉所获得的信息渠道占人们全部感觉的60%。具体的分析过程是在要调查城市空间中事先安排好行进路线，对行进路线上的空间视觉特点进行观察，同时在平面图上绘制箭头，注明视点位置，并记录实际情况，分析重点是空间艺术和空间构成方式，记录方法是拍摄照片和勾画草图，绘制草图的过程本身也是加深对空间理解的有效途径（图1-6）。采用这种方法进行城市设计研究的著作以戈登·卡伦的《城市景观艺术》为代表。卡伦本人对一些案例用一系列透视草图验证了这种序列视景分析方法，对以后的城市设计产生深远的影响。本书所要研究对象正是传统聚落外部空间艺术，这种方法对空间美学研究来说十分重要。

图1-6　中世纪城市视景分析（绘自《现代城市设计理论和方法》，东南大学出版社，2001）

（2）图形背景分析方法

图形背景分析方法又称图底分析，其理论核心就是对建筑实体与外部空间共存关系的组织和驾驭，如果建筑物是图形，空间则成为背景（图1-7）。空间是城市体验的中介，它构成了公共、半公共和私有领域共存和过渡的序列，城市中"空"的本质取决于其四周实体的配置，绝大多数城市中实体与空间的独特性取决于公共空间设计，同时，这种"图底分析"还鲜明地反映出特定城市空间格局在时间跨度

图1-7 巴黎城市图底分析（绘自《现代城市设计理论和方法》，东南大学出版社，2001）

中所形成的肌理和结构组织的交叠特征。如果实与空之间的对话关系形成并被体验感受到，那么这种空间网络就可能成功，同时，各种城市片断都组合到网络中，并具有地段特性。反之，实与空联系是一种贫乏的均衡，则城市片断就会支离破碎，无法形成网络，其结果就形成了无效的空间资源。图形背景分析方法的宗旨就是建立一种不同尺寸大小的、单独封闭而又彼此有序相关的空间等级层次，并在城市或某一地段范围内澄清城市空间结构，这种方法可以用来研究聚落群体空间形态。

（3）场所结构分析方法

物质层面所讲的空间是一种有界限的、或有一定用途并具有在形体上联系事物的潜能的"空"，但只是当它从社会文化、历史事件、人的活动及地域特定条件中获得文脉意义时方可称为场所。从类型学角度看，每一个场所都是独特的，具有各自的特征，这种特征包括各种物质属性，也包括较难处置体验的文化联系和人类在漫长时间跨度内因使用它而使之负有的某种环境氛围。场所结构分析方法是一种以现代社会生活和人为根本出发点，注重并寻求人与环境有机共存的深层结构的城市设计理论（图1-8）。结构主义有一个基本假设就是无论何时何地，人都是相同的，但他们以不同方式作用于同样事物，也就是形成了转换。结构分析旨在透过表面上独立存在的具体客体，透过"以要素为中心"的世界和表层结构来探究关系的世界和深层结构。场所结构理论认为现代城市设计思想首先应强调一种以人为核心的人际结合和聚落生态学的必要性，因此可以运用此种方法探究聚落空间环境内在的价值。

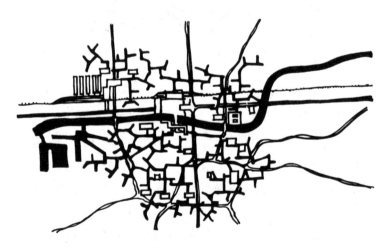

图1-8　簇集城市设想（绘自《现代城市设计理论和方法》，东南大学出版社，2001）

（4）文化生态分析方法

文化生态分析理论是文化人类学和社会生态学的综合，在应用层次上则又综合了信息论、心理学的研究成果。在人类群体中，心理的、社会的和文化的特点常常可由空间术语表达，如城市同质人群社区的分布形式就能充分反映各种亚文化圈的存在。《城市形态的人文方面》一书的作者拉波波特认为城市形体环境的本质在于空间的组织方式，而不是表层的形状、材料等物质方面，而文化、心理、礼仪、宗教信仰和生活方式在其中扮演了重要角色。在传统聚落的空间组织中，人与环境在人类学和生态意义上的复合关系乃是关键变量，它具有一定的秩序结构和模式，他们都与文化系统有关，文化是人类群体共享的一套价值、信仰、世界观和学习遗传的象征体系，这些创造了一个规则。事实上，传统城镇那种有机的、无规划的形体环境，正是根植于一套有别于正统规划和设计理论的规则系统，只有从文化的视角来看待此类的城市设计，才不会产生误解。

2 聚落审美理论的提出

"以过客的眼睛观察事物，以尽量广泛的聚落为研究对象，探讨比较在那里展开的丰富多彩的聚落样态……作为空间设计的专家，以职业的自负和经验，对地域的、民族的、历史的隔阂进行挑战。凭借着建筑师的眼力，我踏上了聚落调查之旅，世界充满了异质点。"

——藤井明《聚落探访》

2.1 影响聚落审美的三个方面

正如前文所述，聚落空间的形成是采用"自下而上"的方法，这种方法所形成的空间形态使不同年代、不同风格的建筑并存，呈现一种渐进式特点，人们很难从中快速地把握聚落空间中的美学价值。然而，当人们步入聚落之中时，确实真真切切地感受到一种难以言表的美无处不在。是什么力量在人们的内心深处产生如此大的反响呢？本来聚落空间的美是人们通过感知可以直接领悟的，不必过多地借助另一种媒介——语言来解释，就像 F·吉伯德在《市镇设计》一书中所说的中世纪城市一样，那么到底应该怎样理解聚落空间中的审美观呢？我们最终所获取的审美体验来自于何处？它们又是如何构成一个整体融入人们的内心深处？

通过对传统聚落实地调查体验，笔者认为聚落审美应立足于人的心理影响，即人们在不同角度上所能够感受到的美，并将这种心理作用分为三个层次或三个方面：第一个方面来自于视觉所感受到的空间体验，人们所获得的感知大概有 60% 来自于视觉，视觉是人们发现美的最为直接的手段，首先从我们的眼睛发现美，才能从我们的心灵中体会到美，虽然这中间好像是需要一个从感性向理性思维方式的转换，但事实上，人们长久以来形成的美感判断会随着眼睛接触事物的一刹那就能给出答案，这两者之间并没有一个清晰的界限；第二个方面来自于自然环境，人们都说聚落像从大地上生长出来的一样，这其实正反映了聚落居民对于自然的谦卑的态度，也反映了劳动人民的勤劳和智慧，在应对各种不同的自然环境过程当中，创造出巧妙的空间；第三个方面来自于地域文化，尽管是在同一个空间环境下、同样生活的人群，但由于观察者文化背景的不同，所获得的美感也有差异，在聚落中，早已将聚落所在的地域文化融入空间中的每个环节，人们在发现美、感知美的同时也在接受那里的文化。

2.2　空间美学作用
2.2.1　知觉与审美思维

从人们降生到这世间一睁开眼开始，就会发现我们的周围环绕着各式各样的景物，天空的浮云、铁路上呜呜奔跑的列车、院子里的白杨树，还有母亲嘴角的微笑……这些东西明明白白地存在，看到它们会让我们感到幸福、厌恶或者模棱两可。而这种感觉来源于什么呢？当我步入那些仍然有居民生活的传统聚落中时，会感到一种特殊的和谐和优美，然而当别人问起我这美从何来或凭什么说它们是美的时，我说直觉。这种回答往往不会令人满意，人们想听到更为具体的答案，起码是经过大脑分析后的、可以逐字逐条记录下来的一连串的美学原则，可是聚落所具有的整体性囊括了多少美学原则呢？一个没有受过美学教育的人也会体会到聚落中美的存在，难道不是直觉在发挥作用吗？直觉是不是就是一个对外界事物的简单映象，还是经过大脑作用后的一个结果？

　　一般认为思维开始于感知结束的地方，而鲁道夫·阿恩海姆则认为思维是"知觉本身的基本构成成分"。[1] 传统上一般将观看和思维分成两个领域：一个是眼睛接受信息的过程，另一个是大脑处理信息的过程。然而这两个领域应该如此清晰地分开吗？除了便于从理论上对它们进行理解以外，观看与思维一直是相互作用着的，我们的思想总是对所看到的东西施加影响，反过来，所看到的东西也会对思维发生作用。在鲁道夫那里，知觉的定义与我们常见的意义是不同的，它既非一般性的感官刺激所获得的瞬间信息，又非指对一个事物所有方面的泛泛理解，而是指"接受信息、储存信息和加工信息时涉及的一切心理活动，如感知、回忆、思维、学习等"。[2] 因此，知觉并非仅指感性因素，其间也包含了理性成分，可以作为审美评价的基础，沙里宁所著的《形式的探索》一书中也有类似的论述。

2.2.2 视觉美学

　　大自然给每一个健全的人都赋予了一双眼睛，人们用眼睛去观察周边的事物，去认识我们生存的世界。不管你是端坐在伦勃朗的画作之前，还是穿行于北京故宫的中轴线上，你总是依赖于你的视觉来获取外界的诸如形状、大小、色彩、远近等形式方面的信息，这些信息总是同时传输到你的大脑中去，与你以前存留

[1] 鲁道夫·阿恩海姆，《视觉思维：审美直觉心理学》，1998 年。

[2] 鲁道夫·阿恩海姆，《视觉思维：审美直觉心理学》，1998 年。

的知识以及当时的情感共同作用，形成对客观景物的印象与评价。这个视觉思维的过程瞬间就可以完成，是一种人类所固有的通过感觉到的经验去理解事物的天赋，然而"我们的概念脱离了知觉，我们的思维只是在抽象的世界中运动，我们的眼睛正在退化为纯粹是度量和辨别的工具。……这样一来，在那些一眼便能看出其意义的事物面前，我们倒显得迟钝了，而不得不去求助于我们更加熟悉的另一种媒介——语言。"[3] 艺术创造者最必不可少的正是一眼就能发现事物本来意义的能力——直觉。在人的各种心理能力中，差不多都有心灵的作用，因为人的诸多心理能力在任何时候都是作为一个整体活动着，一切知觉中都包含着思维，一切推理中都包含着直觉，一切观测中都包含着创造。在美国心理学教授鲁道夫·阿恩海姆的研究中，基础性地提出了视觉形式美的若干原则，系统地分析了视觉的效能以及对于人们心理影响的作用。

[3] 鲁道夫·阿恩海姆，《艺术与视知觉》，1998年。

　　既然思维和直觉是统一的整体，那么视觉美学就必然包含着理性的成分。在鲁道夫·阿恩海姆的另一本著作《艺术与视知觉》中介绍了一系列发现美、创造美的原则以及美学研究的原理，下面做以简要介绍。首先是平衡，物理学所指的平衡状态是指作用于一个物体上的各种力达到可以互相抵消的程度，这种定义同样也应用于视觉平衡，确定平衡的两个因素分别是重力和方向，以色彩的明暗或色块的大小等在视野中的位置进行判断。第二是形状，形状是人的眼睛所能把握得最为基本的特征，这种特征不依位置和方向而变，同时人眼在观察的时候还具备整合、筛选、补充、简化等能力，格式塔心理学所研究的内容就包含有人们对形状的积极思考。第三是形式，形式与形状经常被作为一个概念使用，然而，任何一个视觉式样都不可能独立存在，而是要再现某种超越出它自身的存在之外的东西，"所有的形状都应该是某种内容的形式"。[4] 形式的变化可以通过定向的改变、投影、透视、重叠、

[4] 鲁道夫·阿恩海姆，《艺术与视知觉》，1998年。

25

倾斜等方法来实现。第四是发展，从原始艺术向现代艺术发展所经历的一切思维过程，这里所强调的是视觉思维的发展，包含着人们对色彩、比例、空间等要素的认识。第五是空间，这里所着重的是绘画艺术或雕塑艺术中对空间的表现原理，例如图—底关系的应用、景深的应用以及透视法等。建筑是空间的艺术，视觉并不能完全捕捉到一个建筑作品的空间艺术价值。第六是光线，决定着人眼的观察，亮度和照明度是艺术家运用光线的两个概念，阴影是塑造空间的手段，绘画的历史同样也是人类发现光线、运用光线的历史（笔者认为这种说法是建立在西方艺术历程基础之上的，东方艺术对待光线将会是另外一种态度）。第七是色彩，色彩同形状一样可以区分个别事物，有时形状比色彩强烈些，而有时色彩比形状更为强烈，人们由于色彩的冷暖度不同所反映出来的情绪也是不同的。第八是运动，运动是最容易引起视觉强烈注意的现象，时间是衡量变化的尺子，对比时间艺术与空间艺术，无非前者是用存在确定活动，而后者是用活动确定存在。第九是张力，是一种不动物体之中的动，这种张力具有倾向性，倾斜、变形和频闪都会造成动感。第十是表现，每一件艺术品都必须表现某种东西，表现是外在物质同内在精神的统一，所有的艺术作品都是具有象征意义的。

2.2.3　聚落中的空间美学

我们在聚落当中同样会发现这些美学原则，不过需要我们从纷繁复杂的外界信息当中抽象出来罢了。比如笔者拍摄的安徽宏村中心祠堂的场景（图2-1），照片的视觉中心很自然地落到祠堂入口偏右一点儿的转折处，如果以这一点为中心绘制水平线和垂直线的话，就会将照片分成上与下、左与右两对关系，很显然，左面的部分看起来会比右面的部分重一些，而下面的部分会比上面的部分重一些，这种比例关系构成了整幅图景的视觉平衡（图2-2），符合了阿恩海姆所说的平衡原则。再比如运动因素，聚落中的街巷呈现一种线性的存在，而人们在运动中进行观察来发现美，这就引发了一系列关于时间、顺序、方向、隐现等的问题，运动将时间和空间联系起来，构成一个个连续的图画。因时间因素的介入产生的美学有两种表现形式：一种像是舞台剧，观察者是静止的而客体在运动；另一种则是客体不变，因观察者的运动而产生主客体的相对变化，聚落空间的动态研究就属于后者。还有诸如因光线的变化引起的阴影效果会使人强烈地感受到空间的存在，在某些恰当的地方还会令人感到神秘或是愉悦，这些我们肉眼所能观察到的聚落中的景象，都或多或少地展现出美学价值，需要我们从中发掘出构成聚落空间审美的原则和设计方法。

图2-1 宏村月沼实景

图2-2 视觉平衡分析

2.3　自然环境与聚落审美

2.3.1　人类所赖以生存的自然环境

所谓环境，是指围绕着人类的外部世界，是人类赖以生存和发展的社会和物质条件的综合体。在我们周围有着广阔的大自然，山川、河流、湖泊、湿地，以及花鸟鱼虫，这些丰富的自然环境成为人类生存的载体。随着人类科学技术的进步，人们改造自然的能力也日益增强，直到工业化时代以后，人们才又逐渐开始认识到建筑与环境之间的矛盾问题。城市的无限蔓延、工业的严重污染、新建筑形式与自然形态之间的冲突等都引起人们的普遍关注，这些现象与手工业时代存在着巨大的反差。在手工业时代，人们用双手的劳动而不是借助于机械或其他能量来工作，人们建造房屋就像鸟儿在树上筑巢，鸟巢和蚁穴虽然并不是树木和土地本身的状态，但也并不让人觉得它们的存在是多余的，相反，又是那么恰如其分。在这一点上，手工业时代的人们与鸟类和蚂蚁是极其相似的，他们用大自然中最为常见的材料进行构筑，搭建的方法简单而又十分巧妙，从自然当中似乎都能寻找到设计原型，就连庞大的石垒的宫殿也像是从大地上生长出来的一样。

自然环境丰富多样，山峦湖泊、鸟兽虫鱼都应考虑在设计之列，然而这众多要素要如何梳理和思考呢？古市彻雄的著作《风·光·水·地·神的设计：世界风土中寻睿智》和安藤忠雄设计的风·光·水教堂都把风、光和水从大自然当中萃取出来，反映出日本文化对自然的一种抽象的态度。宇宙周天循环往复，世间万物生生不息，从零点出发运动变化又终归于零点，这是东方人的宇宙观。在自然界中，风和水都具有流动的属性，光可以暗示时间的流逝，在空间设计中原本就包含了流动和时间，那么这些要素也必将在空间设计中发挥巨大作用。

2.3.2　中国人的自然观

人类的建筑发展过程，真实地反映了人类由蛮荒走向文明的历程。以"崇尚自然""天人合一"的中国传统哲学思想，一直贯穿中国五千年的文明史，并以此指导造就了中国东西南北中各方位因地制宜、各具特色的建筑风貌和建筑景观。就居住建筑而言，尽管每个民族都有自己的理想居住模式，但还没有一个民族像汉民族那样形成了一整套关于理想居住模式和墓葬的"吉凶"意识与操作理论，也就是"风水"说（图2-3）。

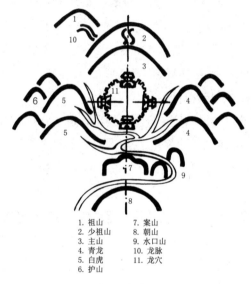

1. 祖山	7. 案山
2. 少祖山	8. 朝山
3. 主山	9. 水口山
4. 青龙	10. 龙脉
5. 白虎	11. 龙穴
6. 护山	

图2-3 "风水"图示（绘自《风水理论研究》，天津大学出版社，1992）

"风水"理论是以河图、洛书、阴阳、五行、八卦等易学文化为基础，通过建筑布局、空间分割、方位调整、色彩运用、图案选择等隐喻和象征手段，来满足人们对身心之和的需要。目的是通过勘查天文地理以顺应自然，有节制地利用和改造自然，优选出适合人的身心健康及行为需求的最佳人居环境，使之达到"阴阳调和""天人合一"的至善境界。那么，中国人内心深处最理想的居住模式是什么呢？就是将家用山围护起来。依山面水，附临平原，左右护山环抱，眼前朝山、案山拱揖相迎。用"风水"的话说就是：左青龙，右白虎；前朱雀，后玄武。这种偏爱围合、把自己隐匿起来的四合院似的景观模式与西方抢占制高点、炫耀自己的城堡型的景观模式刚好相反。形成这两种模式差别的根本原因是，在中华民族文化形成的最关键时期，汉民族的主流社会就生活在陕西关中盆地，盆地的形象深深地影响了中国人，而西方人则受到希腊山地和雅典卫城的影响。提及中国人的自然观，就不能不谈"天人合一"。在天人合一之中，有"天"和"人"两个元素。又正是有两个元素的缘故，才要说使其"合一"的话。"天"和"人"是两个总体集合："人"是一个总体集合，"人"以外的便都属于"天"的总体集合。这种以"集合"来处理事物的方法可以称之为"整体观念"，也就是人与自然合为一体的观念。

2.3.3 聚落中的自然环境

传统聚落对待自然是十分友善的，也是十分聪明的。我国幅员辽阔，地形地貌千差万别，山川沟壑或平原高岗之间到处散布着人类居住的痕迹。比如西北黄土高原地区，自然条件十分恶劣，土壤情况为湿陷性黄土，少树木，因此，长久居住在这里的人们选择了穴居的居住方式，也造就出地坑院、半坡窑等多种窑洞形式，因地理条件的影响呈现半离散状态；再比如我国西南少数民族地区，天气湿热多雨，气温偏高，容易滋生瘟疫瘴气，因此那里的居民就将居住的主要居室的楼板抬高，形成巢居模式，聚落建筑围绕中央鼓楼修建，呈聚居形态；而生活在内蒙古、西藏等高寒草原地区的游牧部落居民，则采用毡房的形式作为居住模式，一方面适合游牧民族的生活特点，另一方面也与当地的自然条件相吻合，部落形态呈现离散型；在湖南、湖北及重庆地区，山势险峻，可耕耘、建房之地很少，人们就利用木结构轻灵多变的特点，创造出吊脚楼这样的十分现代的杰作，也可以看作是人类在与大自然争取生存权利时所作出的无奈而智慧的选择。凡此种种，可以说明自然因素在聚落中占有着十分重要的比重，也可以说古人在营造家园的同时，与自然环境之间那种相离相契的艺术关系。

2.4　文化心理与聚落审美

2.4.1　文化差异与审美差异

前文在谈到直觉审美学时提出 "对美感的研究是从感受到理解和从分析到更深的感受的双向过程，是从感受到推理的探索" [6]，因此 "美" 绝非是一个孤立的概念，它不能脱离其他知识体系而独立存在。不同的国家、不同的民族都有着不同的文化，甚至不同的人也将有着不同的经历，这些都将会影响到我们的审美判断，进而会影响到我们对美的认识程度，美是一个受时空和我们有限的经历、知识以及文化根源制约的相对概念。比如，我们今天所看到的江南私家园林（图 2-4）已经成为游客旅游观光的景点，面对着肤色各异的现代人，谁还可能体会到古人与园林之间的共鸣呢？再比如一个不了解西方宗教历史、从未受过西方艺术教育的东方青年也会赞叹于教堂建筑之伟大，但他会真正理解其中所包含的深刻含义吗？这说明在不同的文化背景成长起来的，或受着不同文化教育的人对同一事物的感受也将不同，这就

[6] 吴家骅，《景观形态学》，1999 年。

图 2-4　留园

是文化差异所带来的审美差异。这种文化差异也将影响到我们的创作思维，一种文化表达方式不能也不可能永远地凌驾于另一种文化形态之上，即便强势地出现，也不会长久地为对方所接受，文化差异性的存在自有它存在的合理性。

2.4.2　中国传统的审美观

中国有着与西方世界完全不同的文化背景，儒、道、骚（屈原）、禅是中国美学传统的四大支柱，李泽厚先生将中国的传统美学概括为四个特征。第一个特征是以"乐"为中心，礼乐是儒家对中国长期的原始社会的巫术礼仪的理论化，其中　"礼"是外在的秩序、外在的规范、外在的要求；"乐"是内在的情感的融合及交流。乐在中国表现为两个方面：其一是对乐的艺术本质的认识，把它看成与感性有关的一种愉快；其二是通过情感的发泄起到一种教育作用。这样就把美的社会性与感官直觉性联系起来了。第二个特征是线的艺术，这是以乐为中心的延伸。线实际上是对音乐的一种造型，使它表现为一种可视的东西，这是一种净化了的情感的造型形体，也就是经过提炼和抽象而构成的，它离开了对实际对象的模拟和再现。第三个特征是情理交融，中国艺术有两个明显的特点，一个是抽象与具象之间，另一个是表现再现同体。举例来讲，中国画里没有什么阴影，因为从长久的观点来看，个别的暂时的现象没有什么关系，当然无须表现具体的时间。也就是说在中国的艺术中，想象的真实大于感觉的真实。第四个特征是天人合一，中国美学强调的是人与自然之间的亲密关系，肯定生命，肯定感性世界，肯定现实世界。"中国的美学，不像西方那样有系统的逻辑评价。它经常是用直观的方式把握一些东西，但的确把握得很准；它不一定讲什么道理，即使讲道理也不一定讲得很明确。这样一种思维特点值得很好地研究。"[7]

[7] 李泽厚，《走我自己的路》，1994 年。

2.4.3　聚落中的文化价值

传统聚落既是民间艺术的创造，又是民间文化的反映。就笔者从观察中所获得的体验来讲，聚落中所渗透出的文化的影响绝不比因视觉带来的美感小，相反却更加难以忘怀。就徽州民居而言，徽商文化中综合复杂的性格在民居建筑中得到充分体现：灰瓦白墙显示其文风，精致的砖雕、木雕彰显其富贵，高墙深院表现了他乡异客的防卫心理。这诸种性格在民居建筑中不温不火地展现出来，浑然一体，有秩序的变化中透着随意，不拘一格的布局中间或严谨，颇有中国古风中的刚柔相济之感。再来看巴蜀场镇则大不相同，干阑式建筑本来就比北方院居灵活，加上错综复杂的地形就更显得轻巧。巴蜀腹地与中原之间层峦叠嶂，受中国正统儒家文化影响较浅，又加上当地少数民族众多，在思想上的束缚相对较小，民风开放，不拘小节，建筑造型比较随意也是这种文化的体现。而苏州地区的江南古镇则又有一番滋味，小桥流水，黛瓦粉墙，宅院深巷，加上富人宅旁的小院，又是一派入世文人的气象。从聚落民居中所感受到的士、农、商文化是另一种教育，较之书文传记来得更为委婉，也更为含蓄，但也更为深刻，因此要了解一个聚落，认识聚落中的美，就必然要了解聚落中的文化价值。

3 空间美学与设计

"空间是一些在你前方和上方的东西，它们给予你视觉的自由和自由的视觉。……空间，如同自由一般，是难以把握的；实际上，当一样事物可以被掌握和被透彻理解时，它便丧失了自己的空间；你不能给空间下定义，你最多只能描述它。"

——赫曼·赫茨伯格《建筑学教程2：空间与建筑师》

3.1 总 述

从空间美学角度来研究聚落外部空间设计所运用的方法是建筑师本学科领域的知识。本书的研究主要从五个方面展开：首先是序列空间的研究，从运动中的视线变化出发，探讨聚落空间的美学规律，本书指出传统聚落的序列空间呈现不规则性，并归纳出构成聚落序列组成的各要素及空间特征；其次是对公共场所的研究，聚落中可以发生大量公共活动，这些公共活动所依赖的场所具有明显的特征，属于特定的公共领域；第三是对空间的相似性的研究，相似性是聚落形成的突出特点，这其中偶尔的差异也会带来特别的感受，本章探讨了相似空间的美学意义以及构成相似空间的几种手法，同时提出相异空间的重要性；第四是对空间界面的研究，本章研究了聚落中空间界面的几种形式，封闭的、开放的、空间的以及界面存在的状态，并称之为"复合界面"；最后是尺度设计研究，本章一方面探讨了中国人对待尺度的观念，另一方面研究了聚落空间中的尺度把握特点。这五方面研究虽然被归入视觉美学研究范围内，但实际上与场所环境、文化表达之间同样存在着不可分割的联系，它们彼此也共同作用在聚落空间的设计当中。

3.2 序列空间设计

3.2.1 布局中的序列

任何一座城市，抑或是一栋建筑都必然存在于空间之中，并创造出更为丰富的空间。我们很难想象一张照片可以全面反映出一座城市的全部面貌，同样，一座城市也不可能是"静止"的，因为每时每刻都有成千上万的人穿梭其间，城市空间就是在这种相对运动中展示出来，为人们的感受和记忆所认识，这是空间和时间的统一。人们的感受是多种多样的，设计也有优劣之分，一个好的空间设计一定是充分考虑了时间因素的，在人们行进的过程中有意识地安排诸如体量、色彩、明度、质感等要素，使它们紧凑而连续，"建筑师的首要任务之一，就是要以这种组织序列的方法去进行他的设计，这是正确的方法。" [1]

营造空间序列有一个最为基本的原则就是开端和结束，这个原则也同样适用于其他艺术形式，就像一首乐曲总是有序曲和尾声一样，小说文学和电影艺术也通常由一个引人入胜的场景作为开始，而以一个构思巧妙的情节作为结束。在空间布局艺术上，序列往往是由一长串的充满期待的前奏、一个令人激动的高潮和

[1] 托伯特·哈姆林，《建筑形式美的原则》，1982年。

35

一个平稳的渐弱所组成，将人们的空间体验推进至高潮的方法据哈姆林的研究可有如下几种：第一，相同元素依次放大，使观者的心理反应呈现渐强的趋势，从而体会由小到大的渐变韵律；第二，用一系列强有力的显眼的元素，不断地重复形成开放式韵律感受，如梵蒂冈圣彼得广场的柱廊；第三，运用高差变化，比如逐渐升高或者逐渐降低的方法，使人在运动中形成期待；第四，与第一种方法相反，相同元素依次缩小，形成减弱的趋势，这是一种由大到小的韵律；第五，还可以利用光照效果，在一系列序列之后通过光线或阴影达到高潮。

3.2.2　规则序列与不规则序列

序列空间布局手法可归纳为两条线索，其一可称为规则的序列，其二可称为不规则的序列。这两种序列是人们理性的、浪漫的和思维的一种反映，在设计中使用哪种序列并没有确定的范式，而要根据具体的设计意图做出选择。在规则序列当中，设计者有意识地做出大量的引导和铺陈，一些复杂的序列通常是"由一系列横过主轴而保持均衡的次要序列，进而引向一个主要的高潮所形成的。这些次要序列，形成次要的高潮点，增添了部分观者的预期感或不定感"。[2]这就需要主要序列中的最后的高潮更加强烈，才能满足观者的心理预期。规则序列也并不是说仅仅以单一轴线或完全对称才能完成，在前进方向上做出恰如其分的引导来改变运动的方向同样是创造规则序列的手段。还有一种方法则是创造一种穿过并超越高潮的过程，比如清紫禁城（图 3-1）就是一个明显的例子。

不规则的序列在我们的设计中仍然是最为常见的，在一个建筑物或是一组建筑群体当中，常常会发现很多出其不意的空间引发观者的情绪，设计者的构思在于在安排高潮空间之前巧妙地回避明显的暗示，从而产生更为强烈的刺激。另一种方法是运用曲折的轴线作为空间序列的前导，以达到视觉的平衡，相比之下，

[2] 托伯特·哈姆林，《建筑形式美的原则》，1982 年。

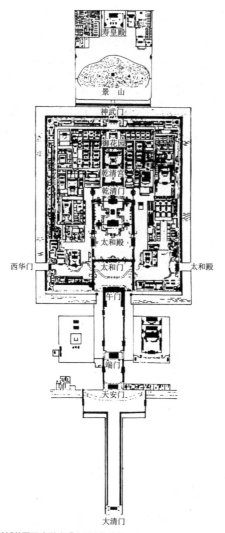

图 3-1 清紫禁城总平面（绘自《中国古代建筑历史图说》，中国建筑工业出版社，2002）

不规则序列更重视空间形式的均衡性，而不像规则序列那样重视对称性。

3.2.3 聚落中不规则序列形成的原因

在中国传统建筑中，对称显然是空间设计的最主要的方法，对于一种建筑类型或建筑群体而言，规则序列是中国建筑的主要特征，比如寺庙建筑、宫殿建筑以及古代城市等。然而，聚落外部空间却是个例外，几乎全部是以不规则序列出现的。

形成不规则序列的原因是多方面的，古代的中国人对待自然有一种特殊的尊重，这种尊重并不是说我们的先民会在几千年前就具有可持续发展的观念，其中起着主要作用的可以认为是一种古老的哲学观，这种哲学观将个人的宿命归咎于"天"———一个主观的宇宙秩序和一个客观的自然。在民间普遍流传的这种哲学观指导着人们的生活和审美，人们不愿也不能违背。这样一来，从设计的角度来说，客观上就具有十分积极的作用，人们会充分地考虑自然条件的各方面要素，慎重地利用它们而不是去破坏，当然所产生的空间序列也一定是不规则的。另外一种可能是一种民间情感的释放，古代中国的州城府县城几乎全部以中轴对称这样一种形式来充分体现主次分明的封建等级制度，从而大大束缚了人们的创造力，尽管人们不加选择地接受这样一种单一的观念，可并不代表不会有对自由的向往，田园诗和抒情诗就是一种内心情感的表达，在空间艺术中也同样会产生类似的释放，私家园林是文人的表达方式，传统聚落则是平民的表达方式。第三种可能的原因是建造方式，聚落不像城市那样具有统一的规划作为指导，而是以居民自建的方式长时间陆续完成的，这一家的房子以相邻几家的房子作为参照，或凸或凹并没有用地红线的概念，加上自然地形的差异，必然不会形成中规中矩的空间格局，然而凌乱的街道并不能形成前面所说的不规则的序列，正因为有了聚落中的核心空间（比如戏台前广场）或核心建筑（比如宗祠）作为各个空间序列的高潮，才使得聚落外部空间具有序列感。还有一种可能是处于中国文化中的 "小农意识"，聚落里的居民每户只想着自己宅基地的建造，而不去考虑大门以外的东西，内部空间秩序井然而外部空间杂乱无章，只有"不规则"而并无"序列"可言，这种说法并非毫无道理，但从安徽宏村、四川上里等传统聚落的调查来看，那里的居民对住宅以外的街巷空间同样设计得十分巧妙，这说明聚落居民会有意识地设计外部空间环境（图 3-2、图 3-3）。在中国空间设计当中采用不规则序列作为主要设计手段的还有园林艺术（图 3-4、图 3-5）。

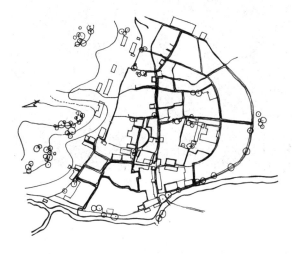

图 3-2　宏村总平面（绘自《从传统民居到地区建筑》，中国建材工业出版社，2004）

图 3-3　宏村月沼

图 3-4　留园冠云峰

图 3-5　留园平面（绘自《中国古代建筑历史图说》，中国建筑工业出版社，2001）

3.2.4　聚落中不规则序列的组成

　　传统聚落中的空间序列之所以说是不规则的，从空间表象上来看是因为它没有明确的渐强或减弱的趋势，而且很多序列是不完整的。在序列的结构上，有些聚落虽有街道的引导，但并没有明确的起点、进程、高潮和尾声。由于聚落所处环境不同，所形成的空间序列也千差万别，但就相对完整的序列空间而言，一般由入口、街道和中心组成。聚落的入口因聚落整体形态的不同而多样，一般情况下有三种形式：一种入口具有明显的标志性，成为从外部进入到聚落内部的视觉焦点，人们可以轻松地将聚落入口同周边环境区分开来，这种入口往往同时承担着交通联系的作用，具有明确的提示作用。比如四川雅安上里镇的桥入口（图3-6），该入口位于临河的一侧，沿着人的行进方向架起一座桥作为入口的标志，同时又是必要的交通联系；再比如江西婺源思溪村的廊桥入口（图3-7）也是这样的例子，村落也是沿河而建，同样由桥引入，桥上有廊，既遮风雨又美观，具有明显的标志性；此外，重庆江津塘河镇的水边码头入口（图3-8、图3-9）则采用的是垂直方向的界定，入口位于临河的一侧，由青条石搭建一座石门，石门成为划分村落内外的标志，由石门向里开始街道序列。

图3-6　上里镇入口

图 3-7 思溪廊桥 　　　　　　　　　　　　　　　图 3-8 塘河镇入口

图 3-9 塘河镇入口平面

图 3-10 唐模水口平面
（绘自《从传统民居到地
区建筑》，中国建材工业
出版社，2004）

　　第二种入口本身也是由一组系列空间所构成的，这种序列空间使游者渐入佳境，具有极强的空间导向性，人们在人工建造的景物或人工利用的自然景物的引导下进入聚落，从而拉长了聚落内部的序列空间。比如安徽歙县唐模村的水口（图 3-10），水口是进入唐模村的必经之路，在村子之外就可以看见一座重檐翘脊四方亭，亭边有桥枕于水上，向前经过一段田间小路又将穿过一座石牌坊，再向前便进入村子了。从这个入口序列来看，四方亭和石牌坊成为外部和内部的分水岭，从外部到方亭部分完成了外部序列，从方亭到牌坊是内外的过渡，而从牌坊到村口完成的是内部序列（图 3-11~图 3-15）。再比如棠樾村的牌坊群（图 3-16），一座座牌坊渐次出现在入口序列当中，七次同样元素的重复使用达到心理上的渐强的暗示效果。

　　第三种入口处理方法需要观察者细心体会才能发觉，因为它是由一个有暗示性的空间所组成，这种入口在形式上不是十分强调，往往成为村头巷尾的休憩空间，有的结合建筑物设计，有的结合植物设计，尺度比较亲切。比如安徽歙县渔梁镇的入口就是

图 3-11　接近方亭

图 3-12　方亭近景

图 3-13　回望方亭

图 3-14　石牌坊

这样，入口并没有一个明显的标志性建筑物或是一连串感人的序列，仅有的是一个半开放性的界面所限定的入口空间，空间的一侧由建筑限定，而另一侧则由一组植物作为划分。　这种入口方法看似无意，实则是十分有效的，在我们的设计中颇为值得借鉴。

图 3-15　进入唐模村

图 3-16　棠樾牌坊群

　　街道是人的行进路线，是聚落入口和中心的联系通道。街道成为序列空间的因素有两方面：一个方面是入口到中心之间要保证一定的距离。这个距离的长度随聚落的不同有很大差异，因此也会形成强弱不同的序列感受。比如四川雅安上里镇（图3-17）的中心广场距小镇入口仅数米之遥，一段向上的台阶把二者联系起来，这就形成了由入口引桥、向上的台阶踏步到场镇中心这样一个序列，序列很短，仅有一次收放，但对比十分强烈，简洁明快，赶集的人群很容易就可以到达中心广场，也体现出中心广场的外向气质。再比如江西婺源李坑村（图3-18、图3-19），从入口到中心"申明亭"要经过长达近300米的曲线形街道空间，漫长的行进路线伴随着优美的景致形成不断积蓄情感的过程，偏向内侧的公共空间同时体现出内向的气质。

图3-17　上里鸟瞰（绘自《巴蜀城镇与民居》，西南交通大学出版社，2001）

　　另一个方面是这一段的空间变化要比较丰富，能够激起观者的兴趣，产生心理预期。聚落中的街道无定式，随着地形条件和两侧建筑的变化而变化，所形成的空间也较为丰富。一目了然的空间景象在聚落中几乎是不可见的，我们的目光总会受到遮拦并被引导向另一个方向，设计的方法大体上有以下三种：

图 3-18 李坑街道 1

图 3-19 李坑街道 2

　　第一种是水平向的变化，几乎所有聚落的街道空间（图 3-20）都具有这种特征，自然弯曲的街道展现在观者面前的是无数的倾斜面，人们在行进中会随之转折，视线不能望穿到街巷的尽头，却不会因生硬的墙壁而放弃行进的念头，相反，却十分容易激发人们对未知空间的想象，形成自然而然的空间引导。第二种是垂直向的变化，随着地势的高低起伏，人们的审美情趣也相应地跌宕起伏，台阶这种纯粹的交通符号指明了观者前进的方向，这种纯粹的形式使人们将前进方向的选择降低到最小，也使精神更为专注，由序列所产生的心理影响也最强烈。同时，过多的台阶容易使人疲劳，在台阶中偶尔出现的平整场地更容易成为场所性空间，比如重庆西沱镇的云梯（图 3-21）。第三种是空间的阻隔，如江西婺源思溪村的街巷空间（图 3-22），在前进方向上设置一定的隔断，这种隔断是半封闭的，将街巷人为地分成两部分，这会起到两个作用：一个作用是作为隔断的要素成为视觉的中心，使观者的视线集中，这种有目的性的观赏是极具吸引力的；另一个作用是分隔空间，将空间分解成段落会使冗长的行程变得轻松，也会使街道内的活动具有相对的独立性。

图 3-20 宏村街巷

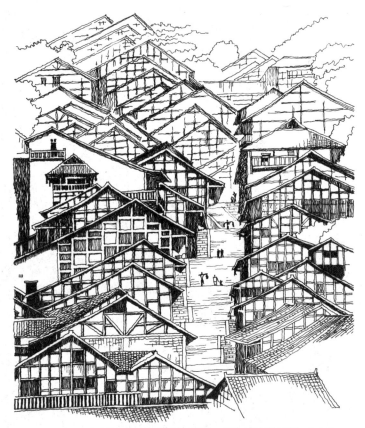

图 3-21　重庆西沱镇（绘自《巴蜀城镇与民居》，西南交通大学出版社，2001）

行进序列的高潮部分一般是整个聚落的中心，中心的构成因不同的地域文化和地理条件而不尽相同。如图 3-23 所示的是安徽黟县宏村的中心——月沼，月沼（图 3-24）处于宏村的地理中心位置，连接着多个街巷，也是多个空间序列的终点。整个空间十分饱满，核心是半月形的水塘，清晰地映出周边所有建筑的倒影。围绕水塘的是铺着方砖的人行道，活动就在这些人行道上展开，周边这些建筑当中，最为醒目的是处于近似中心位置的祠堂。从月沼的构成要素来看，真正能为人所用的广场空间是没有的，带状的人行道上不足以满足大规模的公共活动，然而月沼的场所

图 3-22　江西思溪镇

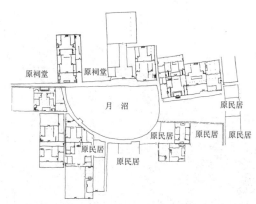

原祠堂　原祠堂　　　　　　　　　　原民居

月　沼

原民居　原民居　原民居

原民居

原民居

图3-23　宏村月沼平面（绘自《从传统民居到地区建筑》，
中国建材工业出版社，2004）

图3-24　宏村月沼

中心性却格外强烈，一方面原因是中心水塘带来的空间景观，另
一方面就是祠堂带来的文化作用。另一个案例是四川犍为罗城的
中心广场（图3-25），广场的核心是高起的戏楼，两侧是出挑的
外廊，广场上可以容纳各种各样的公众活动，看戏、饮茶、聊天、
交易各得其所，达到景观和生活的统一。还有江西婺源李坑中心

图 3-25　犍为罗城（绘自《巴蜀城镇与民居》，西南交通大学出版社，2001）

的申明亭（图 3-26、图 3-27），与前两个例子不同的是，这里
没有一个明确的向心性空间，而是一段街道的放大，但是这一处
空间却是复杂的，作为李坑的标志性建筑，申明亭处在核心位置，
成为景观上无可非议的中心，同时这里既是陆路交通分流的转折
点，又是水运交通的码头。以上三个案例虽然空间处理手法各有
不同，所达到的效果也不一样，但其间的共性也是一目了然的。

　　作为聚落空间序列高潮的中心必然具备几个要素：首先，要
有一定的空间规模，这里所指的空间规模是相对的，一般是相对
于街道尺度或村落规模而言的，同时也不专指场地的大小，还包

图 3-26　李坑申明亭

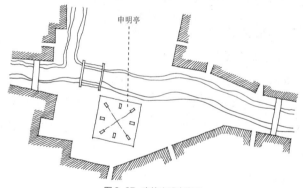

图 3-27　李坑申明亭平面

括场地所能有效容纳的人数；其次，尽量围绕一个在聚落中有显著地位的公共建筑来组织，这个公共建筑可以是宗教性的（如寺庙）、娱乐性的（如戏楼），也可以是景观性的（如亭台楼阁）；第三，这个中心同时也应该是交通的枢纽，是人流最为集中的地方，比如桥头广场等，如周庄的双桥（图 3-28）；第四，中心的位置最好位于聚落的几何中心处，由于村镇发展演变和具体生活习惯的差异，很多聚落的公共中心不在几何中心，而是偏于一侧，这样更为增强了聚落空间的灵活性；第五，这个中心应该实实在在地成为聚落居民的客厅，应该是公众活动的舞台。

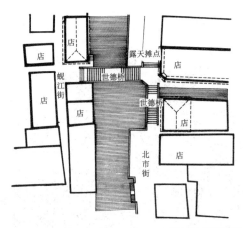

图 3-28 周庄双桥平面（绘自《城镇空间解析——太湖流域古镇空间结构与形态》，中国建筑工业出版社，2002）

3.3 公共场所设计

3.3.1 场所感的营造

场所感是一种总体的气氛，是人的意识和行动在参与的过程中获得的一种有意义的空间感，它比场所有着更广泛而深刻的内容和意义，诺伯格·舒尔茨说，建筑师的任务就是创造有意味的场所。场所作为城市中各种行为或生活过程实现的物质载体，对社会生活的展开具有十分重要的影响。决定场所重要性的基本因素有两个：其一是人们对于场所重要性的观念性评价，其二是场所在生活中的呈现方式。对场所重要性的评价包含两方面内容：一是人们对场所对应的主导行为的评价，二是人们对场所占据者重要性的评价。场所在生活中的呈现方式有六个方面：一是场所的结构地位，对于特定的结构地位地占据往往就意味着优势的产生或支配权的占有；二是场所的可达性；三是场所的可入性，可入性受场所的规模、时间预设、使用者身份以及导入设施等条件的制约；四是场所功能的聚合度与整合度；五是场所的特异性，比如场所的规模、隆重程度、安置方式等；六是空间形态及环境设施对行为的支持程度。恰当的场所呈现方式和场所重要性的观念性评价的匹配本身就是城市建设和城市设计的一项基本要求和重要内容。场所是具有特殊风格的空间，包括空间形态与场所特质。空间形态把握方向感，通过定位把握自己与环境的关系，产生安全感；而场所特质的感知产生认同感，使人把握并感知自己生存的文化，形成归属感。因此，场所营造必须创造独特的内部和外部空间，形成城市空间结构序列的变化，将各元素进行整合以使空间的各部分具有不同的意义。传统街区是经历了一个相对漫长的历史过程才形成的人类生活聚居的场所，其空间一般由入口节点空间、街巷空间、广场空间及院落空间组成，在设计手法上可以依循空间整体性、保持多样性、场景可读性、发展可持续性及公众参与性等原则。

个人和其他个体进行交往是人的本能，这种过程就是聚会。"完整的聚会概念应该包括聚会行为和聚会场所两个层面的内容……聚会场所则不仅为聚会行为的展开提供了必要的物质条件，并且还会对一定聚会行为的展开起或阻碍、或推动甚至提升的作用。"[3] 传统聚落中的公共空间对于聚落内部成员来说具有充分的开放性，这种开放性可以体现为各种各样的活动，比如休憩聊天、集市交易、生产生活、家族祭祀、集会看戏、交通转换等。这种活动的积极性源于参与者的自发性，公共活动一旦出于强制，这种领域的场所意义就将大打折扣。此外，必须为这种场所提供必要的空间，而这种空间应该具有方便的可达性和舒适性，有时这种空间并不是有意识地创造出来，而是人们在日常生活中逐渐发现的，这就要求我们在设计当中做出引导性的暗示。这种空间可大可小，可以是线性的，也可以是一片场地；可以是严肃的对称性空间，也可以是灵活的异形空间；可以围绕着聚落中的核心公共建筑展开，也可以是人们平时生活中聚集最频繁的地方……不论场所履行的是什么功能，都反映出最为精彩的空间表达形式。

场所在聚落论里是十分重要的概念，它不同于几何意义上的

[3] 王鲁民，张健，中国传统"聚落"中的公共性聚会场所，《规划师》，2000 年第二期。

领域概念，不能用中性的态度去看待。场所的概念自古就有多种定义，亚里士多德站在自然的角度上提出场所首先是边界这一定义，他认为事物都具有原本应该存在的场所，而事物真正回到这一场所时，它也就恢复了其本来面貌了。然而，聚落告诉我们，"场所中蕴藏有历史的力和自然的力等力学特征，这就是聚落论中的所谓的场所性。"[4]

[4] 原广司，《世界聚落的教示100》，2003 年。

3.3.2 聚落中的公共场所

四川犍为罗城中心的梭形市街（图 3-29）是聚落场所营造的绝佳范例，该街两头窄，中间宽，东西长，南北短，街中间戏楼又似织布穿线带纱的梭眼，所以人们叫它"云中一把梭"，而梭的形状又似船形，故又叫"山上一只船"。这个船形广场从空间形态上和视觉美学上依然达到很高的境界，同时又具备了公共场所领域感的几个最为基本的特征：其一即是空间的聚合性，两侧弓形的界面围合出的船形空间暗示了一种"同舟以共济，众志以成城"的使命，平面的形态十分饱满，富有张力，形成围合向心的纪念性空间；其二是中心公共建筑，在罗城街市的偏西位置布置了公共戏楼（图 3-30），成为整个空间的中心，东侧留出的较大空地成为人们聚会的场所，两侧伸出的檐廊（图 3-31）成为戏楼的看台，戏楼部分的处理凝聚了视觉艺术与空间艺术的精华；其三是公共活动，在船形广场中所发生的人的活动是多种多样的，它既是戏院，又是交易场，整个船形广场既是茶园，又是开放的客厅，这使得在这个广场里发生的一切行为都具有公共性，无论哪种功能都不可能是个体行为，而是积极的公共行为。这三个基本要素造就出罗城中心广场的场所感。

与犍为罗城相类似的聚落公共空间有安徽黟县宏村的月沼（图 3-32）。月沼是宏村中心的一处水塘，完全由人工开凿而成，宗祠和民居围绕在月沼周围，水面上投映着建筑的倒影，景色十分美丽，在今天为摄影爱好者所钟爱。中央形如满月的水

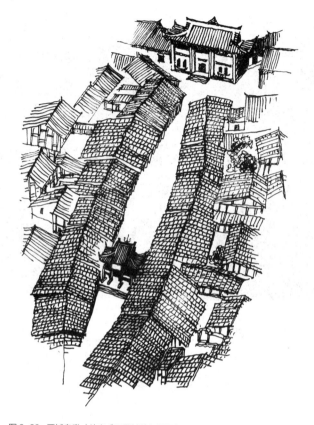

图 3-29　罗城鸟瞰（绘自《巴蜀城镇与民居》，西南交通大学出版社，2001）

图 3-30　罗城戏楼

图 3-31　罗城檐廊

图 3-32 宏村月沼

面成为"敛水聚财"的象征，无论从空间本身还是从心理作用上，月沼都堪称聚合空间的佳作。月沼的北侧是宏村最大的宗祠（图3-33），是世代以家族制度构筑起来的部落体系的精神核心，宗祠作为中心性公共建筑赋予场所以中心地位。通过空间和精神两方面的共同作用，月沼所承载的功能也包括精神生活和物质生活两方面内容：以宗祠为依托的祭祀活动和以月沼为依托的生活劳动（图3-34）。这两者结合得十分自然，甚至在日常生活中也不曾使人感觉到这二者之间存在的对立。究其原因，中心水面的统一作用是营造场所感的关键。

公共场所的空间形态也不仅仅局限于广场空间，村民日常使用频繁的桥同样是公共场所。比如安徽歙县呈坎村环秀桥（图3-35），廊桥反映了一种极具创造力的思维方式，即以极简的方法解决了复杂的空间问题：桥的形式解决了空间的跨越、河道的通畅、方向的引导等问题；廊的形式解决了标志、内外分界、游

图 3-33 宏村祠堂

图 3-34 宏村月沼一景

图 3-35 呈坎村环秀桥

憩休息、询问瞭望等功能，廊桥巧妙的结合把多种功能整合在一起。在这里，廊桥很容易就成为人们聚集的场所，为了便于休憩，廊桥的两侧还设计了座椅，乡里人和陌生人都可以倚坐其上，谈今论古、互通有无，这里的场所是流动性和占有性的统一。再比如苏州周庄双桥几乎是纯粹为交通设计的（图 3-36、图 3-37），但在桥头转折处却形成了集中的开放空间，完成了少数人流的聚会作用，来自不同方向的人流在此交织，将街、店、桥、水和人这几个要素组织起来，因此说，桥头有限的开放空间也体现了公共领域的特征。

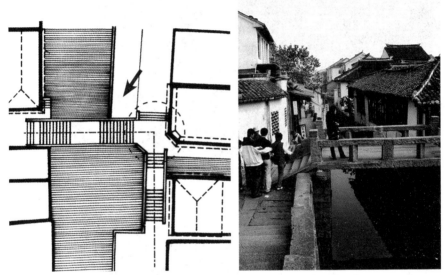

图3-36 周庄双桥平面   图3-37 周庄石桥

3.4 相似与相异空间设计
3.4.1 空间相似性原理

在聚落空间中观察，不难发现同一聚落内部的各空间之间或同一地域的几个聚落之间存在着惊人的相似性，这种相似性保证了聚落空间的完整统一。相似学的主要任务是研究事物之间的相似规律及应用，概括地讲可以归纳为"五个原理"和"四种类型"。

五个原理包括：序结构原理、信息原理、同源性原理、共适性原理和支配原理。序结构原理强调的是传承，固定的空间组织模式在共同的文化背景下流传下来具有一定的规律性，自然具有相似性；信息原理所强调的是交流的作用，不同的地域通过交流会在某种程度上达成共识，也会形成一定的相似性；同源性原理不难理解，拥有共同"祖先"的事物必然具有相似性；共适性原理强调的是适应，各种事物之间相互适应，取长补短必然趋同；支配原理简单地讲就是指诸事物在受到共同的力量支配的前提下做出了近似的反应，其结果也必然是相似的。

如果说上述的五个原理是构成相似性的原因的话，那么以下的四种类型则是结果的归纳。我们把空间形式完全对称的现象称为"经典相似"，而把不完全相似的现象称为"模糊相似性"，对于同一区域不同系统之间风格上的相似性可称为"他相似"，而对于系统和系统的组成要素之间的相似性称为"自相似"。

3.4.2 相似与区别

空间的相似性在人们的审美意识当中占有十分重要的地位，判断一个事物和另一个事物之间的关系时，往往"通过二者的类似或对比造成的，有时还会通过二者的适合而形成"[5]。回忆一下我们的孩提时代不难发现，大量的训练都是通过寻找图画书中一模一样的图形而开始的，当儿童在杂乱无章的画面中发现两个完全相同的图形时，就会体会到由衷的欢喜，这种胜利的喜悦应归功于留存在大脑中对原有图形的记忆。在人的审美意识中都会对熟悉的事物抱有好感，创作新的设计时也会不知不觉地从记忆中把它们搜索出来，恰当地运用相似性手法会促成空间的统一感、韵律感，也会使相邻的物体之间相互协调。

单纯的相似也不是时时刻刻都具有积极的意义，过多的相似会使观者感到单调乏味，我国的小城镇建设千城一面，天南地北互相抄袭，丧失地域文化特征，这是过分追求相似的结果，是不可取的。在设计中要适度地运用相似的方法，同时也要巧妙地运用物体之间的差异，才能创造出丰富且宜人的空间，在众多相似的形式之中所出现的个别事物，往往会产生两种截然不同的效果：一种是令人厌恶，比如在历史传统街区中突然出现的一栋毫无创作思想的丑陋建筑；另一种是令人兴奋，比如苏州城内的北寺塔。第二种效果得以实现的原因在于这里的新鲜事物虽然形式上与周

[5] 鲁道夫·阿恩海姆，《视觉思维：审美直觉心理学》，2000 年。

边相似的物体之间存在差异，但是二者之间必然存在着某一方面内在逻辑的相关性，同时又具有明显区别于周边事物的特征，能够强烈地吸引观者的视线，唤起人们视觉思维的高潮，又不会过分地偏离人们的审美追求。

3.4.3　聚落中的相似空间设计

传统聚落的生长总是一种对其"原型"不断模仿的积累过程。初始经验的积淀，聚落中各种丰富的事件，成员们相似的生活与思维方式和感情体验，人与人之间千丝万缕的联系，都使这种"原型"在不断地被模仿。在模仿过程中，"原型"被逐渐变异，以至它能够更加适应环境并伴之以最适宜的建筑技术和最恰当的形制；久而久之，"原型"变成了一种"范式"，它也从纯粹的满足功利性转而走向了一种文化传承；作为一种有形的文化，它在生活中被更加成熟化的同时，又在空间和时间中被反复地沿袭和模仿。因此，从模仿的过程这一角度看，传统聚落的空间形态是一种真实生活的"出场"。这种模仿的结果形成了总体上的相似性。

在江西婺源散布着大大小小的古村落（图3-38~图3-41），远远望去，一座座村落浮在田野之中，黑色的屋顶与碧绿的稻田之间是一抹白墙，每一座村落看起来只有占地面积和地理位置上的区别，而没有什么形式上的差异，起码在大体轮廓和色彩组合上不易被人区分，这时候人们所注意到的是总体上的相似性，个体差异不易为人所区分。把视点再拉近一些，我们会发现那些古民居内部布局似乎相当"散乱"，很难把握其内在秩序所形成的张力，我们所看到的是以簇集的形式组合在一起的民居体量。但观察整个村落的立面时却又惊讶地发现其统一性，这种统一源于形式上相似的多个个体的巧妙组合，建筑色彩、屋顶形式等几乎完全一致。当人们步入村落当中时，观者被那些手工意味强烈的民居所包围，这些房子的主人遵循着祖先的文化脉络，彼此之间在同样的地理和文化条件下形成了近似的审美观，他们所建造的房屋也呈现出惊人的相似性。这里必须提醒的是，在古村落当中，

图 3-38 婺源村落 1

图 3-39 婺源村落 2

图 3-40 婺源村落 3

图 3-41 婺源村落 4

由于手工劳作和个体需求的差异使这些房子总是适度地相似而绝不会完全相同，相似空间形成的气氛容易为人所接受，由它散发出来的场力会强有力地影响到介入其中的每一个人。

聚落中的相似性可以体现在几个方面：首先是色彩方面，色彩直接反映于视觉，人们获取信息最为直接的方式就是通过眼睛的观察，当一组事物以近似的色彩、明亮度和色彩体系搭配呈现在眼前时，这组事物就将被看作是一个整体，而整体性本身就是符合美学原则的一个要素；其次是体量，聚落中的所有房屋都以人的尺度进行设计，体量关系也颇为近似，相似的体量构成强烈的单元感和重复感；第三是建筑元素的相似性，比如从江西婺源村落的例子可以看到聚落中的马头墙、门和窗几乎一模一样，这些相似的建筑要素不断地重复起到一种明显的文化符号作用，并展示着强烈的地域特征；第四是空间组织方式的相似性，相似的个体还需要相似的方式把它们组织起来，才能够达成完美的空间效果。

61

3.4.4 相似空间中的个体变异

多数聚落中，住房在建造前均需堪舆"风水"，确定布局及朝向，然后进行奠基仪式，继而请匠师依据地势地形并按照祖传下来的基本房屋尺寸和规矩进行建造。因此，聚落中建成的房屋都有着极强的模仿特征，有着极强的同一性和相似性，是一种在统一意识控制下的原型再构成。但是，由于场所特征、主人喜好和宗教习俗等因素的存在和介入，整个营造活动也包纳了偶发性和差异性。换句话说，"这种模仿活动并不排斥人的个性和一定范围内的自由发挥。因此，聚落的空间图像既是有秩序的，同时也是生动的、丰富的和想象的。"[6] 相似意味着对差异性的包容，略带差异的民居建筑所构筑的整体空间和谐而平静，相反，在总体平静的形式中突然出现的"变异"会使这分平静变得激荡，如同水面激起的涟漪。比如安徽歙县南屏村的叶氏支祠（图 3-42），本节不论述宗祠建筑在徽州古村落宗法制度和民俗信仰中所占的重要地位，但就形式特征而言，宗祠与普通民居相比有相似，也有差异。就空间布局而言，叶氏支祠同一般的徽州民居一样属于厅井楼居式，屋顶形式同一般的徽州民居一样为单坡马头墙，色

6 王冬，传统聚落中的模仿和类比，《华中建筑》，1998 年第 2 期。

图 3-42 叶氏支祠

彩上也同一般的徽州民居一样为黛瓦白墙，这些要素保证了总体外观的协调一致。但是对比民居建筑入口（图3-43）又不难发现，普通住宅的门前即为街道，没有更为开敞的空间作为过渡，而为满足使用功能的需要，叶氏支祠门前保证了一个相对宽阔的广场。另外叶氏支祠的外墙向内凹进，并利用凹进的空间出挑高大的重檐翘脊的门楼使入口空间极为突出，而普通住宅的入口则十分含蓄，山墙角落上一个简单的门洞更为安全，门楣上凸起的砖雕只起到简单的装饰，入口不过是平面的一个组成部分，并没有为之创造空间，几乎所有的居住建筑都采用这种入口方式，相比之下，宗祠建筑显然会被凸显出来。类似这种相似中的变异必然引起观者的注意，从而增强趣味性，达到景观高潮的效果。

图3-43 徽州民居

3.5 复合界面设计
3.5.1 界面在空间中的作用

"空间基本上是由一个物体同感觉它的人之间产生的相互关系所形成的。"[7] 建筑的空间一般地讲由地板、墙壁和天花所组成，而外部空间则是从自然当中限定自然开始的，所限定的空间与未被限定的空间之间相临界的面被称为界面。"墙内秋千墙外道"，这堵墙就是划分院子内外的界面；"荷风四面亭"的柱子之间所产生的看不见的张力就是划分亭子内外的界面；站在草原之上能感受到辽阔的空间，大地就是承托世界的界面……芦原义信在论述空间类型的时候提出了两个概念，即积极空间和消极空间。积极空间是指相对内敛的有序的空间，消极空间是指相对发散的无计划的空间，这两种空间类型随着人的感受和所在的位置也会相应转化，这种思考方式具有很大启发性。在界面的研究中同样可分为封闭的界面和开放的界面两类，封闭的界面使空间感更清晰，而开放的界面会使空间感变得模糊。在这两种界面类型之间还存在着两种过渡形式：其一是利用第三个空间作为内外空间的界面，这种界面形式会使强烈的空间感受变得缓和，也会使模糊的空间感受变得明晰；其二是基于界面本身的变化所引发的空间之间的相互关系，即利用界面的开启与关闭来引发空间的渗透与隔绝。

[7] 芦原义信，《外部空间设计》，1985 年。

3.5.2 聚落中的界面组成

传统聚落外部空间中的界面具有中国古代官式建筑所具有的全部特征，在表现形式上则更为不拘一格，另外由于传统聚落空间尺度狭小，相对而言，界面在创造空间中所起的作用就更为突出。封闭宅院的外墙将居家使用的私密空间同外部街道区分开来，这是界面组成的要素之一；河道的出现拉开了街道空间的距离，同时将一个空间分割成两个相对独立的空间，河道作为另一个构成界面的要素；为了能使人们在街道上的活动更为舒适，依托建筑外墙会修建外廊，外廊和墙内的空间之间又会形成一道空间，这是组成聚落外部空间界面的又一要素；门、窗、进入河道的台阶都增加了界面两侧空间之间的联系，这也是构成界面的要素，下面就对这四种要素一一举例分别论述。

3.5.3　封闭的界面

"处于形体之内的中空部分，被建筑实体从无尽的自然空间中隔离出来，具有明确边界的内部空间和处于实体之外、向外无尽延伸并由形体的存在及相互关系获得对场所感知的外部空间是人类建造行为产生的两种差异最大的空间类型。"[8] 因墙壁所产生的封闭的界面是区分这两种空间类型的最为有效的手段，当我们处于徽州民居的院落之中时，四周高起的斑驳的粉墙完全遮挡住人的视线，墙壁所给予的坚固和稳定屏斥掉外界的侵犯，保证了独享天伦的情景场所，同时也封锁了院内之人与外界的沟通（图3-44~图3-46）。这里内与外的区分是明显的，被院墙围合后所剩下的空间看起来属于外部空间的范围，一户院落与其他的院落并联在一起，围墙的一边依次相连形成一个连续的界面，两排并联的院落之间留下的通道称之为巷，小巷空间由两侧曲曲折折的院落外墙所限定，除了居住在两侧宅院中的原居民以外，

[8] 陈斌鑫、王竹，"之内"与"之外"——两种空间状态的解读，《华中建筑》，2004年第3期。

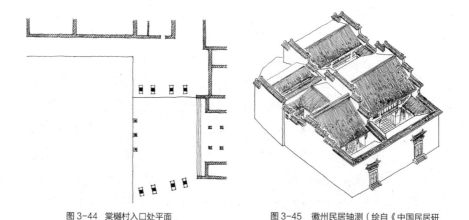

图3-44　棠樾村入口处平面

图3-45　徽州民居轴测（绘自《中国民居研究》，中国建筑工业出版社，2004）

从这里经过的人都会体味到一个外来者的过客身份，封闭而又连续的小巷界面形成了导向性极强的通道，成为纯粹交通功能的暗示，两侧白色的高墙带有明显的防卫性，更加明确了步行者前进方向的唯一性。图 3-47 所示的是安徽歙县呈坎村的街巷景观，两侧界面除必要处开门洞使内外取得联系以外，几乎全部封闭。这样的界面具有很强的防卫性，人的活动多受其限制。

图 3-46　徽州民居的内庭　　　　　　　图 3-47　徽州民居的街巷

3.5.4　开放的界面

与封闭的界面相对应的是一种完全看不见的界面，称之为开放的界面，更为确切地说是一种空间限定的方法。除了空间的内与外需要给予一定的明确之外，单就外部空间而言也需要进行划分，此时的划分手段不再运用墙壁作为分隔，而是采用一种完全的视觉暗示作用；这种开放性界面所分隔的也不再是笼统的物质空间，而是两种不同的空间感受，从而影响着两种空间中所发生的活动。这种限定界面的元素可以是地面材质的变化，也可以是凸出于地面的构筑物；可以是人工有目的性建造的景物，也可以是大自然中生长着的植物，无论是什么元素，只要诸多元素之间能够形成一种垂直方向上的张力，这种张力会让人感觉到有一个无形的"面"的存在，并愿意为这个面所约束，那么我们就可以认为一个开放性的界面已经生成了。

从笔者在苏州周庄拍摄的照片（图3-48、图3-49）中可以看到由开放的界面所产生的空间效果，古镇里的河道、驳岸、街道、廊下空间和住宅外墙构成了外部空间的实质性要素，驳岸由垂直的河堤和石栏杆组成，划分出陆地和水面两种介质。当游人泛舟于河上时，活动仅限于水面范围，河堤约束了船的方向；同样，陆地上的人们从街道跨越石护栏也是十分危险的事，陆地的街道和水的街道同处在一个空间当中，但由于二者的介质不同，所引发的行为也大不相同，二者交界的地方（驳岸与石护栏）自然成为划分空间的界面，这种界面虽然不为人所见，但却起着同样明显的作用。

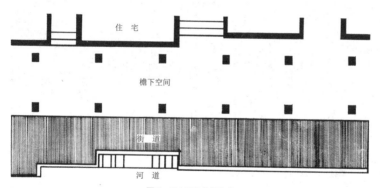

图3-48　周庄临河街巷

图3-49　周庄河道实景

再比如安徽歙县棠樾村的石牌坊（图3-50、图3-51），照片正中是牌坊群的第一座，它后面的那一围白墙是清懿堂的外墙，右侧是陶氏宗祠的正门，左侧是一片稻田。石牌坊、清懿堂和陶氏宗祠共同构成进入棠樾村的入口空间。棠樾村的入口空间丰富有序，清懿堂和陶氏宗祠呈转角布置，进入村落的步行流线随之呈"L"形，陶氏宗祠正门前广场成为村落入口处的公共中心，内外空间彼此穿联，强调出主要的进入方向，内部空间自然作为三个方向的交汇，同时承担空间过渡的功能。在这里，牌坊1、牌坊2和旗杆这三者都起到空间限定的作用，人们既可以从中穿过，又会体会到它们所围合的矩形空间，这种没有物质界面的界面即开放性界面。这样的界面强调心理暗示，有时人的主观行为会突破界面的限制。

图3-50 棠樾牌坊实景1　　　　　　　　图3-51 棠樾牌坊实景2

3.5.5 当空间作为界面

我国传统聚落的民居建筑中，存在着大量的既是室外又是室内、既非室外又非室内的空间，日本建筑师黑川纪章称之为"灰"空间，或"模糊空间"。模糊空间具有模糊性，表现为空间特征差异的中间过渡中存在"含混性"和"不确定性"。"模糊性是事物与事物之间处于渐变状态的一种动态的中介，过渡与连续性；模糊空间是内和外的一个媒介结合区域。"[9] 正是因为它的不确

9 袁丰，中国传统民居建筑中模糊空间所体现的功能性，《华中建筑》，2003年第5期。

定性，往往不易被实践主体把握，是一个有待于认识把握的空间形式。既然模糊空间成为内外空间的过渡，因此也可以将其看作成一种界面形式，只不过这种界面形式不是以一个没有 "厚度"的平面存在，而是以 "空间" 的形式出现的。

　　对比封闭界面的实实在在的 "有" 和开放界面心理暗示的 "无"，当空间作为界面时，人们真的会忽视 "界面" 的存在，步入其中弱化了视觉带来的直接影响，行为活动起了主导作用。人们将乐于在这种空间中活动，无论是私宅的主人坐在门前的石鼓上与邻居攀谈，还是初来乍到的外乡人步入廊下欣赏风景，都会感到十分融洽。这种过渡空间对 "内部" 空间而言是一种保护，而对 "外部" 空间而言又是一种限定，强调空间界面本身的丰富性和其所引发的人的活动的多元性。在界面空间内部所能够发生的行为是不同的，随着界面厚度的变化而变化。比如安徽歙县唐模村的水街（图3-52、图3-53），沿临街商铺一面的檐廊宽度为2米，靠近建筑一侧约1米的范围作为综合性的功能空间，如住宅出入口的停留功能所占用的空间、临街店面买售功能所占用的空间以及相互攀谈所占用的空间等。而靠近水面一侧约1米范围内的空间里，大多数时间内仅作为交通之用。再比如江苏周

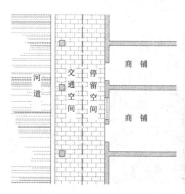

图3-52　唐模街巷分析

图3-53　唐模街巷实景

庄的水边茶社（图3-54、图3-55），同样是商铺的外廊，步行街的主要空间宽度同样是2米，但是局部街道的宽度达到4米，外侧2米的那一跨柱廊作为露天茶座，构成舒适的共享空间。两个案例都是典型运用空间作为界面的例子，对于这种空间的多元性可见一斑。

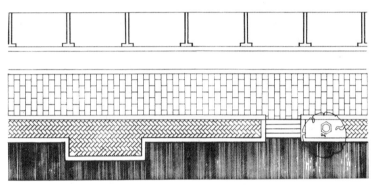

图3-54　周庄街巷平面（绘自《城镇空间解析——太湖流域古镇空间结构与形态》，中国建筑工业出版社，2002）

图3-55　周庄街巷实景

3.5.6　界面的开启与关闭

　　中国传统木构建筑的突出特点就是维护结构的灵活性，这种灵活性为围护界面开口提供了方便。前面我们提到了几种界面形式，事实上这几种界面形式并不总是孤立地存在于聚落空间之中，而是在界面的局部留出可以开启和关闭的孔洞作为联系的通道，使人们的身体或视线可以自由地穿梭于各个空间之间，极大地增加了空间的丰富性，人们对空间的体验也随之加强了。这种联系可以是街道同院落间的，也可以是室内同室外间的；可以是门，也可以是窗（图 3-56、图 3-57）。门和窗的开启使室内、院落同外部街道之间形成一个流动的整体，这种流动使每一个单纯独立的空间彼此关联，共同组成伟大的空间概念。图 3-58 ～ 图 3-61所示的是从街道外部向李家大院内部行进过程中一系列界面开启的景象，首先是临街门面，当大门关闭时，我们所看到的是一对由中国民间绘画艺术（门神）所装饰的木板，与其他木板墙构成近乎完全一致的界面，而当它们开启时，很明显一个深宅大院就在其中。向里的每一层院子都具有同样属性，院门关闭时，院子是完整的，空间是集中的、积极的，而当院门开启时，空间是流

图 3-56　阆中李家大院——门

图 3-57　阆中李家大院——窗

图 3-58　阆中李家大院中轴序列 1

图 3-59　阆中李家大院中轴序列 2

图 3-60　阆中李家大院中轴序列 3

图 3-61　阆中李家大院中轴序列 4

动的，院子具有交通性，当所有院门全部开启时，空间序列就显而易见地呈现在人们的面前。如此，利用最为简单的方法造就出了最为丰富的空间，我们传统的空间概念就是这样随着界面的开启与关闭而在复杂和简单中变换。

3.6 尺度设计

3.6.1 设计的尺度

空间设计过程中一直伴随着对尺度的理解，尺度所反映的是事物间的相互关系，是一个相对的概念，其适宜程度如何取决于介入空间中的人的心理预期，很难用一句抽象的文字来概括。芦原义信研究出了一套具体的数据应用于尺度问题（图3-62），研究的核心是建筑高度（H）与邻幢间距（D）的关系，当$D/H < 1$时，会产生近迫之感；当$D/H > 1$时，则产生远离之感；当$D/H=1$时，建筑高度与间距之间有某种匀称存在；当$D/H > 4$时，相互关系已经很弱了。同时芦原义信还提出了反映内外空间关系的"十分之一理论"和确定外部空间尺寸的"外部模数理论"。实际上无论是什么样的理论都不可能囊括所有情况，在形形色色的具体设计实践当中不应该照本宣科地套用，而要牢记尺度的重要性，

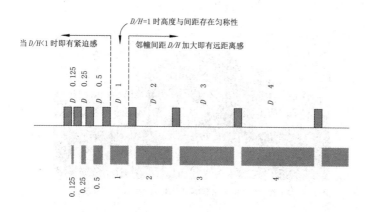

图3-62 建筑尺度示意（绘自《外部空间设计》，中国建筑工业出版社，1985）

对于尺度的把握需要长期的实践与感悟，因为要使观者能够在设计者预先所设定的空间中获得良好体验，必须对体量、质感、色彩、声音、光线、装饰、温湿度以及尺度等各个方面全面把握才能实现，尺度只是这诸要素之一，还要与其他方面统筹协调。

3.6.2　传统中的尺度概念

尺度是人们感知空间的一个重要的量度，无论在传统的东、西方世界都为人们所重视。中世纪的意大利城镇巧妙地把街巷与教堂统一起来，前者是人们日常生活交往的尺度，后者则是神圣崇拜的宗教尺度。每个城镇的制高点都由高耸的教堂所统制，而以教堂广场为中心，向四散开去的不规则放射型街巷，则为人们的世俗生活服务。可见，尺度的确定与空间本身的目的性是分不开的。

中国传统的空间形式是以院落为基本单元组织起来的，宫殿、寺庙、衙署、住宅本质上都是院落的组合，构成手法极其相似，但尺度的差异却是十分明显的。与西方古代不同，宗教因素不是中国古代尺度变化的主要原因，以宗法伦理为核心的封建等级制度成为建筑尺度的决定性因素。比如故宫太和殿（图3-63），面阔十一间、重檐庑殿顶的建筑形式及三层汉白玉台基都是最高等级的形制，庞大的建筑尺度是封建王权的象征。而民居建筑

图3-63　太和殿（录自《中国古代建筑二十讲》，生活·读书·新知三联书店，2001）

的尺度就要小很多，比如北京四合院，无论从院落进数、屋顶形式、开间尺寸、建筑高度等都体现的是百姓日常生活的尺度感（图3-64）。在传统聚落中，更多的是亲切宜人的生活空间尺度。

此外，中国建筑尺度的衡量标准与西方建筑也有所不同，即西方建筑更为注重单体体量，而中国建筑更为注重群体效果，更为注重建筑之间的组织关系。

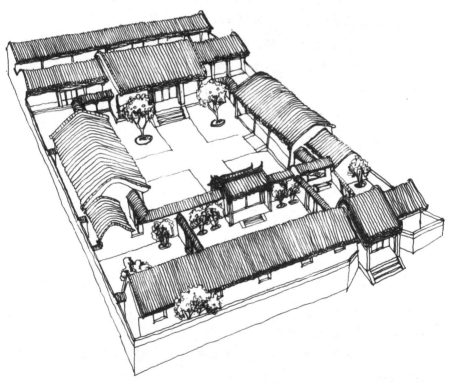

图 3-64　北京四合院（绘自《中国古代建筑历史图说》，中国建筑工业出版社，2002）

3.6.3 聚落中的尺度

聚落可分为离散型聚落和集聚型聚落两种：以游牧和狩猎为主的生活方式所决定的居住模式多为离散型聚落，比如蒙古毡房；以农耕为主的生活方式所决定的居住模式多为集聚型聚落，比如我国南部地区的大部分村落。本节所探讨的空间问题就是基于此种聚落展开的。

前文谈到我国传统聚落空间尺度的人性化特征，这里包含了两方面的意思，即外部尺度和内部尺度。外部尺度是人在聚落以外所看到的聚落整体与外部环境之间的尺度对比，内部尺度是人步入聚落之中后所能体会的尺度感。以江西婺源思溪村为例，图3-65所示的是从河对岸望村落的景象，整个村子坐落在一片田野上，村前一条蜿蜒的小河界定了村子的范围，建筑退后河床一定距离凸显出大地的"底盘"作用，这一段距离中的植物丰富了景观层次。村子的一端由廊桥引入，十分明显，另一端消失在视觉透视的衰减当中，村子的展开面为人的视线所覆盖。垂直方向上分为天、建筑、地和水四段，这四段全部呈水平向延展，自然地铺展开去，其自然状态就像从大地上生长出来一样。这种外部空间尺度的对比是不强烈的，协调到一致的程度。但我们进入到村子内部时，虽然经过了由旷野到街巷的空间转变，但心里的舒适与平静并无本质差别，在外部所感受到的舒适是来源于视觉的作用，而在内部所感受到的舒适则是多方面的：行人擦肩而过的寒暄、清晰可辨的斑驳的墙壁、院子里婴儿的啼哭、柴草燃烧的

图3-65　婺源思溪村

炊烟的气味、鞋子踏在石板路上在蜿蜒的街巷里回荡的声音，这一切都是判断尺度舒适性的标准，在传统聚落当中所感受到的就是如此。

那么，在聚落中亲切的尺度又是如何实现的呢？首先是绝对尺寸，在我国的聚落中，即便是相对高大的徽州民居，总建筑高度也不过 10 米左右，相当于现在住宅的三层楼高，街道宽度也由 2 米到 8 米不等，皆在人们知觉控制范围之内。其次是空间组合方式，在小尺度的空间中，传统聚落的空间组合方式更为灵活，形成丰富有趣的空间环境。再次是建筑的相对尺度，即建筑外墙与门、窗的对比，传统聚落中总是将大门做得更高耸一些，以便弘扬气势的同时与建筑总体尺度相协调。

以四川雅安上里镇为例，上里镇位于四川省中部，距成都市 200 千米，地处山区，交通不便。雅龙河清澈的河水滋润着肥沃的土地，耕种土地和饲养家禽是居民主要的劳动方式。上里镇至今仍然保留着比较传统的生产生活方式。自给自足的生产方式，使得原本交通不便的地理劣势变成了世外桃源般的地理优势。上里居民便在这块沃土上延续了他们几百年的生活。传统得以延续，聚落得以保留，为今天我们对聚落空间的研究提供了真实的例子，使我们能够亲临其境，去感受聚落中亲切的尺度。

上里镇是比较典型的巴蜀场镇，其外部空间大致可以分为两种类型，即街道空间（图 3-66）和广场空间（图 3-67）。

上里镇建筑一般为 1~2 层木结构，建筑檐口高 5 米至 7 米，一般街道宽 4 米至 5 米，就其绝对尺度而言，这种空间尺度符合芦原义信的 $D/H=1$ 的空间均衡感，是非常亲切的宜人的尺度。上里镇的街道有两大功能，除了交通这个主要功能以外，集市是上里镇街道的另一项重要功能。因此，布局在这种街道两侧的建筑与没有集市功能的街道两侧的建筑的区别在于前者建筑立面只有门没有窗，所谓的门是由柱和门板组成的，没有集市的时候，

图 3-66　上里镇街道空间

图 3-67　上里镇广场空间

每户只有一两个门板是打开的，这样就形成了沿着街道的连续的木质门板的界面。这种连续的界面并不枯燥，首先门板是有开有合的。其次，每户建筑细部各有不同。有些建筑带有吊脚，有些则没有，每家的栏杆形式与花纹也各有不同。每户建筑的檐口高度也略有不同，檐下还挂有各式各样牌匾。这种空间界面的相对尺度，也影响了整体空间的尺度感。每当集市日子的时候，街道两旁的建筑门板全部打开并且支上货摊，这样连续的货摊便在距建筑 1 米至 1.5 米处形成另一个完整的界面，街道与建筑的 D/H 值减少至小于 1，街道空间开始产生近迫感。可见同一空间的尺度感也会随着空间界面的细微变化而改变。

在上里镇的主要入口处有一处广场空间。广场呈矩形，南北宽约 10 米，东西长约 50 米，南北两侧是 1~2 层为主的建筑，建筑檐口高 5 米至 7 米，东西两端也有建筑围合，广场有两处出口，分别位于广场的东西两端，西端出口在建筑南侧，东端出口在建筑北侧，无论从哪端进入，广场给人的感觉都是封闭的，广场空间围合感很强，并且尺度亲人，广场东端有一座戏台，建筑高约 10 米。戏台的存在说明这里曾是场镇的主要集会娱乐空间，如今戏台已经破败了，广场也成了集市，娱乐空间变成了贸易空间，随着时间的推移，广场的功能或许不同了，但是空间和尺度是不变的，即使在喧闹的集市间穿梭，仍能感受到上里场镇曾经锣鼓喧天的热闹场面。

我国聚落形式千差万别，本节不能尽述，着重强调尺度概念的理解，而非实际尺度的数据化比较，空间不因尺度的概念而存在，尺度却因真实的空间感受才有意义。

4　自然环境与空间设计

　　"自然是随时间而变化的现象的全体。其存在是假想的存在，而且人们意识到的也只是自然的一部分——'世界'……人是作为自然的记录者而被定位的。于是，建筑物和城市也成了自然记录的一部分，同样，聚落也是自然的记录。"

——原广司《世界聚落的教示100》

4.1　设计结合山水

　　中国传统聚落本身是自然的一部分，这与中国文化对自然的观念密切相关，自然非神所造，老子曰"有物混成，先天地生"，又曰"人法地，地法天，天法道，道法自然"可见自然与道浑然合一，而人在其中，绝不是孤立于外的，这与西方世界观宇宙观是不同的。因此，我们的先民在营造聚落群落时，对待自然的态度自始至终都保持一贯的平和作风。

　　在设计中，以长江中下游流域为例，民间聚落散布于山水之间，近山而倚势，近水而便民，既要兼顾生活的方便，又要兼顾劳作的空间，山环水绕，村舍田园即是传统聚落所营造出的优美画卷。江西婺源县原属徽州管辖，明清徽派古建筑群落遍布乡野，在"风水"理论和人文审美的双重作用下,大大小小的乡村聚落在对自然环境的利用上颇为一致,背倚延绵的群山为屏障,周围环以开阔的良田,以晓起村(图4-1)和延村(图4-2)为例,居住群落沿山脚下铺陈开来,错落参差,给田园和山峦勾勒出一道清晰的线角,同时也赢得了宜人的小气候。同样的态度也适用于乡民对河流的利用,重庆江津三合场是依水而建的群落,河道蜿蜒为聚落限定了边界,聚落的形态与河道之间形成了相互依存的关系(图4-3),而桥则是乡民跨越河道界限所做的努力,这一过程并未减少乡民对建筑美学的标准,江西清华廊桥与桥下水中倒影(图4-4)就是对传统聚落与水之间的最美的诠释。

图4-1　晓起村村落

图4-2　延村村落

图4-3　三合场临江景观

图4-4　清华廊桥

4.2 天空的设计

在人类建筑历史进程中，对地面和天空的设计从来都是不容忽视的，房子落在地上，屋顶隔离天空，形成稳定而又安全的庇护所，在满足功能的前提下不断地追求其舒适度和精神意义。地板、屋顶和墙壁围蔽了室内空间。相反，房屋的外沿、檐口所限定的天空和外墙的诸要素则围蔽了室外空间，当外部空间尺度适合于人的活动时，室外就具有了部分室内的功能，这种空间含义的相互转换是多么有趣的事情。

中国传统聚落中的建造具有手工艺的特点，这就使它们更接近自然；同时又具有相似性的特点，这就使它们彼此之间更为相像。世世代代同土地打交道的中国先民一方面坚持着对土地的热爱，另一方面心怀着对天的崇敬，人们充分地把这分情感以及由这分情感所引发的创造力发挥到自己家园的建设中去，屋顶就是承载这种想象力的地方，中国古代建筑的大屋顶不就被理解为先民对凤鸟的崇拜吗？从重庆江津三合场鸟瞰照片中可以看到，屋顶形式（图 4-5）是极为相似的，双坡屋顶成同一角度，只是跨

图 4-5 三合场的屋顶

度大小不同，一个个屋顶间重复叠加，宛如烟雨蒙蒙的巴渝大地上当中落下的一片片树叶彼此相连。

　　重庆民居的结构形式为干阑式，简单的结构体系上承托着庞大的屋顶，屋顶和屋顶之间交错链接成一个平行于地面的另一个水平的面，这个平面浮在地面之上，与地面之间保留的一定距离属于人的活动空间，而对于屋顶之上的天空而言，这个由屋顶而形成的面成为人造的 "地面"。但这个地面与真实的地面又有不同，真实的地面只有一个面为人所见，而屋顶则既要考虑到朝上的应天的面，又要考虑到向下的为人的面。比如重庆江津三合场的街道上抬头可见的屋顶檐口（图4-6），檐口之间错落相叠，光线从两个檐口之间漫射到内部空间中，檐口略高的那个垂直面成为受光面，相对的那个面成为暗面。为了使暗面也可以享受到光线，居民在建造屋顶时采用了亮瓦形式，就像我们今天的玻璃天窗一样，可见人们对于屋顶所花费的心思。

　　此外，使我们所看到的天空形状在随着屋顶形状的变化而发生变化，使我们在观看天空的时候就如同园林中的景框一样，把

图4-6　三合场主街屋顶

本是无形的天空变得有形。比如四川黄龙溪镇弯曲的街道，街道两侧的建筑并不平行，其屋顶檐口所勾勒的形状宛如一钩新月（图4-7），设计者的设计手法有 "隐喻主义"倾向。檐口的边线勾勒出一个形状，这就给广阔的天空赋予了一种形式。具有形式的天空必然会发挥它的作用，屋顶虽然处于静止状态，然而运动中的人们所观察到的却是一个流动的天空。

图4-7 黄龙溪镇的屋顶（绘自《巴蜀城镇与民居》，西南交通大学出版社，2001）

　　同样的屋顶形式因观察者的视点不同，也会产生不同的视觉效果。如江津三合场的街道，两侧檐口的高度不同，彼此交错着遮蔽住狭窄的街道。当观察着站在较低檐口的一边时（图4-8~图4-10），天空被完全遮挡，只能看到朦朦胧胧的光线漫射到对面的墙上。随着观察者向较高檐口方向移动，人们所能看到的天空也越来越多，光线也越来越强，对天空的感受也越加不同（图4-11），这种细微的变化不是出于建造者对天空形状的"设计"，而是出于对光线的改造意图，这种设计方法十分普遍地出现在传统聚落当中。

　　此外，天空中的流云也将成为一种设计要素参与到我们眼前的画面中来。当我们谈及人类的建造行为时，往往容易考虑到建造过程所必需的建筑材料、建筑工艺、建筑技术、设计方法、空间造型、使用功能、成本造价等实物方面的内容，有时会涉及历史文脉、生活习惯、宗教信仰等文化心理的内容，对于气候和环境的思考也多从建筑的适宜性和舒适度等方面着手研究，然而从美学角度来看，自然界所给予的风云雨雪也都应该成为设计者应该考虑的内容。图4-12所示的是笔者在安徽黟县宏村拍摄的一张照片，照片中的场景透视感很强，两片平行的墙壁向照片的左右两侧伸出，左低右高。光线从右侧射入，右侧墙壁完全处于阴影当中并占据了

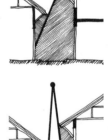

图4-8　三合场街道1　　　　图4-9　三合场街道2　　　　图4-10　三合场街道3

图4-11　光影变化分析

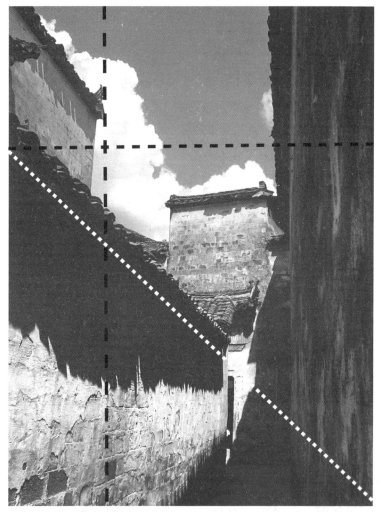

图 4-12　宏村白云

全部照片的 1/4，左侧墙壁的顶檐成 45° 角倾斜，檐下呈现大面积的不规则的阴影。透视的灭点在右下角处，正前方的矩形白墙成为对景，左上角是一角天空。使这个场景充满生气的是天空中腾腾升起的白云，饱满而有张力的轮廓打破了建筑外轮廓的僵硬，又与下方的阴影形成对比，增添了一幕重要的景观层次。

4.3　地面的设计

　　人类生存的基础就是我们脚下的大地，中国古人在营造家园的时候不愿强行改变大地本来的面貌，而是要想方设法地去适应它。地形多变的四川地区散布着大量与地形结合而建的聚落实例，一般的集镇所呈现出的是一种线性空间形式，由于山地的复杂性与多样性，小城镇带状形态又有多种变异形式，按照与山地地形的顺应与垂直关系，带状形态可以分为两种类型：

　　一种是顺应地形的带状城镇形态，其基本特点是按等高线布置城镇，沿江河建设的城镇一般位于二、三级台阶状地形上，往往与江河平行；江河与小溪的交汇处，城镇呈现出沿水的 L 形或环形的带状形态变异；而位于内陆山区的小城镇一般布置在面坡的或弯曲的山坡地上，顺应地形呈各种弯曲的弧线或折线的带状形态。它的中心街道往往也随地形的弯曲而蜿蜒曲折，中心街道与江河之间会留出一条条通道，加强街道同河道之间的联系。由于街道本身的高差不大，因此主要的空间变化体现在水平方向上，比如江津三合场镇（图 4-13）和重庆酉阳龙潭镇（图4-14）都是这类例子。

图 4-13　三合场镇街道局部

　　另一种是垂直于等高线的带状城镇。这种城镇形态在山地小城镇中虽不普遍，但仍然向我们展现了另一种特色形态，提供了另一种思维。比如重庆西沱镇和塘河镇（图 4-15~ 图 4-18），这种街道一般不长，在 500 米以内，街道不是平直的，而且穿透的距离也不远，很自然地将街道分为若干段。街道的弯曲、坡度的变化为行人提供了明确的方向感，这种城镇的街道随地形的坡度起伏，指向往往具有某种目的性，如通向码头、水井等。因为地形的原因，重庆山地地区的人民不拘泥于坡度的变化，通过灵活的踏步、梯道等手法创造出适应山地地形的、形态多样的街道空间环境，可以说，纯步行化的街道空间系统是山地聚落外部物质空间形态最富有的魅力。

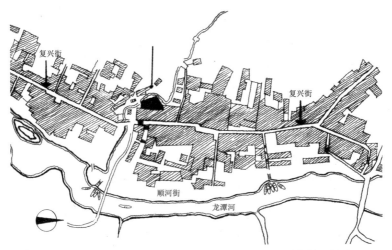

图4-14 龙潭镇（绘自《巴蜀城镇与民居》，西南交通大学出版社，2001）

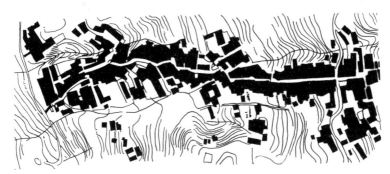

图4-15 西沱镇总平面（绘自《巴蜀城镇与民居》，西南交通大学出版社，2001）

图4-16 塘河镇局部1　　　　图4-17 塘河镇局部2　　　　图4-18 塘河镇局部3

从整体结构来看，这种对地面变化所产生的空间变化确实是山地城镇的特点：竖向街道垂直等高线，阶梯串平台；横向街道蜿蜒曲折，随不同层次上的等高线延伸，一纵一横，一直一曲，共同构成清晰的山地网络。这种山地与平地网络的最大区别就在于它是"立体"的三维网络。充分利用了山地本身的层次性与立体性，与山体的自然环境形成和谐的统一体。在长期的城镇演化过程中，人们在垂直方向的进程中，由于爬坡中的频繁休息和建筑的密集，形成了穿联众多的平台的垂直街道和间距较小的水平街道。这些街道反映了一种线性结构，人们沿着这条流线走一遍，就更能体会中国建筑艺术的灵魂。

4.4　风的设计

因空气的对流而形成风，春风柔暖，秋风凛冽，大自然当中的风令人又喜又惧。在中国古人那里，风有着特殊的意味，"风萧萧兮易水寒，壮士一去兮不复还"，对大风的歌颂表达了义士胸襟的豪阔，浪迹天涯的使命与风之逝而不返异曲同工，风的意义也远非物理学所传递的内容，而是人性精神的写照。在规划和建筑领域，风和水所具有的流动性特点同样被赋予了超自然的含义，"气乘风则散，界水则止，古人聚之使不散，行之使有止，故谓之'风水'"。本节不去探讨"藏风得水"与"天道宿命"之间古朴的哲学关系，而要从微地形和小气候为出发点研究传统聚落对风的运用之巧妙所在。

以徽州民居为例，在没有严寒且暖季长的气候条件下，皖南传统聚落在克服闷热气候等方面采取的方法主要是避免太阳直晒和加强通风两个方面。徽州人采用多个内向房间围绕天井构成最基本的居住单元，若干进天井彼此穿联，构成一户（图4-19）。几进院子的院门处于同一轴线上，使夏季多能形成穿堂风，同时天井还有拔风的作用，由此增强了室内空气的流通（图4-20），解决了散热和潮湿问题，天井与深巷巷道构成自然通风系统。此外，徽州民居的外墙很少开窗甚至不开窗，即便开窗，面积也十分狭小，近似人的头部大小（俗称人头窗），这样一来使空间更为内向，直接受热时间明显减少，避免了夏日骄阳的暴晒，保证了住宅小气候的舒适性。

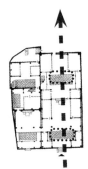

图4-19 徽州民居平面

不但民居的单体建筑考虑了通风问题，聚落群体空间同样也有所考虑，而且十分有效。徽州的聚古村落是由一个个居住单元组成簇群形成了许多宽仅数尺的窄巷，造成了"窄巷深弄"这一典型的聚落内部意象，天井与深巷巷道之间构成了自然的通风系

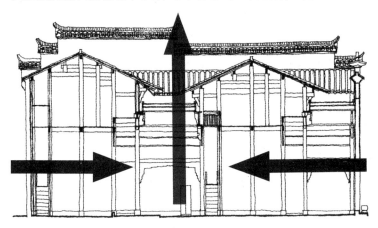

图4-20 徽州民居通风分析

统。不仅如此，聪明的徽州人还会利用人工水体的流动来带动地表空气降温，使 "冷却"后的空气渗透进巷弄，而后再流进每一户人家的天井里去，接着进行住宅内部的风的循环作业。比如，安徽黟县宏村的总体规划中就考虑了风的因素（图4-21），夏季的热空气来自南方，就在村子的南侧开凿"南湖"，对热气流进行 "一次冷却"。冷却后的空气再通过一条条小巷进入到村子内部，与内部的院落进行一次 "热交换"，村里的族人又在村子中央开凿"月沼"，对加热后的空气进行 "二次冷却"，于是凉风便被徐徐地送入北侧的住居中去，冬季北面的雷岗山阻挡了来自北方

图4-21 宏村通风分析

的冷空气，保证了小气候的温暖。看来要想借助看不见摸不着的风，就需要在设计中把它作为一个重要的设计元素考虑进去。

4.5 水的设计

水是生命之源，在一个以农耕为主的社会里，中国古人对"水"由衷地喜爱。老子曰："上善若水。"将水比作天道德性，这是处世哲学中的"水"。古云："水能载舟，亦能覆舟。"将水比作天下苍生，这是政治中的"水"。"'风水'之法，得水位上，藏风次之"，这是规划与建筑中的"水"。在民居建筑和传统村落中，水的设计同生活的联系更为密切。几乎所有的传统聚落都傍水而居，方便灌溉农田，同时凭借舟楫也可解决交通，在河道纵横的江南水乡，水的特征尤为明显。纵横交织的水网使交通、运输变得极为方便，促进了贸易的发展。同时，水网也是古镇景观中不可缺少的重要组成部分，因水成市，枕河而居，形成了苏州古镇特有的水乡风貌（图4-22）。在空间艺术效果上，水的出现使街巷空间层次更加丰富，河道两侧的民居建筑隔河而望，水中倒影伴随清波扶柳显得更为灵动（图4-23）。由于河道水网的密集分布，在水乡的交通方式上又演绎出其他活跃的因素，比如穿行于河道中的乌篷船，跨越河道的数不胜数、形态各异的石桥等，都为聚落空间艺术增添了新的角度和元素。

在徽州，水是山区的命脉，徽州人在村落理水方面有独到之处。比如，安徽黟县宏村的水是由地势较高的村西头引西溪水入村，一条宽仅1米的水道是由西北向东南，经九曲十弯穿村而过，最后注入村南的南湖（图4-24），南湖是宏村的"中阳水"，而村中央的"月"是"内阳水"（图4-25），月沼是宏村中心由人工开凿而成的半圆形水塘，村中的宗祠就依塘而建，成为极具凝聚力的村落中心。宏村在理水方面还有一个与众不同的地方就是在村子的大街小巷都贯穿着人工水渠，这里称为"水圳"（图4-26），

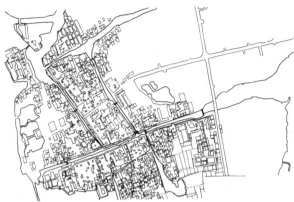

图4-22 周庄总平面（绘自《城镇空间解析——太湖流域古镇空间结构与形态》，中国建筑工业出版社，2002）

图4-23 周庄河道

图4-24 宏村南湖

图4-25 宏村月沼

图4-26 宏村水圳

水圳分布在村子的每个角落，内连月沼，外接南湖和西溪，为村民的生活提供了极大的便利。

水体具有吸热、吸尘、通风等调节小气候的作用，同时也是形成古镇美景的基础。宏村的"活水穿村"以及月沼、南湖成为水体利用的典范。沟渠绕行于家家户户的房前屋后。屋前为清水渠，渠底铺设卵石，内流引入村内的活水，每户的出入口上覆盖一块石板，居民足不出户就可以洗衣洗菜。户内的堂心天井下设阴沟、阴井，通过穿过户内的管井与屋后的污水池相通，最后污水汇入污水渠。为防止异味及腐变，污水池内常放养数只乌龟，较好地解决了污水净化问题。整个村落小渠通大渠，大渠通主干渠，主干渠通河流，形成用水的良性循环。虽然村址的地势相对较低，遇到大雨有可能会产生内涝，但由于村内水道通畅，很好地解决了这个问题。从今日的生态角度分析这种理水观念，它无疑是先进的，因为它利用自然条件妥善解决了聚落的卫生、洪涝等问题。

徽州地区建筑多从三面围合院落，园内以南向房间为主，东西两侧为辅，当中为东西向较长的天井（图4-27、图4-28）。天井空间一般四檐口坡向内侧，地面用石板垒砌出一方水池，深浅不一，考究的住家还用雕花的石栏把水池围起来。"宜聚合内栋之水，必从外栋天井中出……必会于吉方，总放出口，使不散乱""风水"中谓"四水归堂"。天井无论从造型角度还是心理意义上都是建筑单体的核心，有相当的内聚力量。

聚落中的水并非单为景观而设，却取得了非凡的艺术效果；是为满足生活需要而建，却又吻合了中国传统的哲学观念。这样能够把景观、生态、生活、思想统一设计的水体系统在我们今天也实难达到，而在徽州人那里，已经存在了几百年了，这就是传统聚落的生命力。

图 4-27　徽州民居天井 1　　　　　　　　　图 4-28　徽州民居天井 2

4.6　光线的设计

　　"光"在西方人的艺术创作中一直占据着主导地位，而在中国的传统艺术中，似乎并不刻意地再现光的存在，中国古人对光的艺术有着自己的见解。李白在《月下独酌》的诗篇中这样写道："花间一壶酒，独酌无相亲。举杯邀明月，对影成三人。月既不解饮，影徒随我身。暂伴月将影，行乐须及春。我歌月徘徊，我舞影零乱。醒时同交欢，醉后各分散。永结无情游，相期邈云汉。"在这首诗中李白没有使用一个"光"字，而读者却无时无刻不感到光的存在，作者连续 4 次运用了"月"和"影"的对仗，这里的"月"是光之源，而"影"是光之末，如果没有"月"和"影"的存在，何以知道光之存在呢？诗人的构思是何等的巧妙啊！此外，在同一首诗中，诗人将"花""酒""月""影""歌""舞""醒""醉"等表达意境的词汇并列使用，达到情景交融、物我两忘的境界，使人的想象拓展到宇宙万物，"光"就蕴含在宇宙万物之中。基督教文化则认为"光"是神第一天的工作，《圣经》创世纪中说："起初，神创造天地。地是空虚混沌，渊面黑暗；神的灵运行在水面上。神说：'要有光'，就有了光。"这说明"光"早于世间万物而存在，可见"光"在西方艺术思维中的重要性。尽管东西方的艺术世界对"光"的理解各有不同，在中国哲学中"光"也远没有"气韵"那么重要，但在聚落建筑中，"光"仍然有着不可代替的作用。

图4-29　唐模村民居局部

在民居建筑中，对光线的塑造不会像西方教堂建筑那样强调，但却取得了丰富多变的光影效果，其中原因有三：第一是出于功能的需要，比如安徽歙县唐模村一民宅的小天井，由于徽居院窄墙高，采光通风是必然需求，因此天井成为徽居的重要的建筑特征，由天井洒下的光线由强渐弱，很有天地相通之感。其次是出于空间的需要，中国古人创造空间的能力很强，更愿意在空间穿梭中体会时间的流逝。而恰在此时，"光"成为设计道具之一，图4-29为安徽歙县唐模村民宅一角，檐口、墙壁、地面、柱子、柔和的天光、清晰的影子和两把中国式木椅，光线在这一瞬间似乎凝固了，历史定格在当下，如同舞台剧中瞬间的强光投射，使光线成为空间艺术的主要角色。这种空间效果今天也许只能在安藤忠雄的建筑中才能找到。第三种是偶然出现的光影游戏，图4-30所示是安徽黟县宏村中的一个场景，一面弧墙上映衬着对面建筑的檐口，生动而有趣，从墙面上影子的变化可以看出时间的转逝，看来是无意间得到的光影效果，或许在设计之初就已经考虑到光的作用也未可知。

图4-30　宏村街巷局部

4.7　自然材料的设计

聚落如同从大自然中生长出来，其构成材料取其自然是一个重要的因素，天然木材、石材、泥土经过简单的加工，以巧妙科学的方式恰到好处地应用到建筑、景观构建当中，自然的生命在聚落中与世世代代生存的人一道得以延续。川东地区雨量充沛，有大量的天然木材用于建造房屋，对木材运用得最为朴素的莫过于此地的乡民，经过拣选的木材在工匠手中加工成型，不施雕琢、不加粉饰，木材本色天然地充当建筑的支撑结构和部分围护结构，与自然融为一体（图4-31、图4-32）。在木材构建穿斗式结构体系的吊脚楼民居中，竹子和泥土有时也充当围护结构。竹子编织成网状作为外墙框架之间的拉结组织，如同钢筋混凝土里面的钢筋，起到稳定拉合的作用，黏土则相当于混凝土，附着在竹子形成的结构上，外饰抹灰用来防雨，工序一道也不能少，所有的材料可谓取自于自然，又可回归于自然（图4-33）。石材也同样普遍，利用石材坚固耐久的特性，一般应用于地面部分或者是牌坊石碑一类的纪念性构筑物。在山地特征明显的川东聚落中，层层升起的台阶是乡民主要的交通空间，由经过切割的厚实的石

图4-31　木工作业

图 4-32 木板墙

图 4-33 竹木山墙

材砌筑而成，建筑的基础也是一样，凡是靠近地面的部分，都由石材来完成。久而久之，聚落乡民已经掌握了一整套的利用石材构筑的方法，使土木结构的建筑物有了根基，如同树木生于泥土一样。除建筑以外，自然材料也应用于民间日常的生产工具当中，总之，在传统聚落中，自然材料是无处不在的。(图4-34~图4-36)

图4-34　凿石洗衣盆

图4-35　石砌台阶

图 4-36 竹木器具

5 文化象征与空间设计

"一般知识与思想是指最普遍的，也能被有一定知识的人所接受、掌握和使用的对宇宙间现象与事物的解释，这不是天才智慧的萌发，也不是深思熟虑的结果，当然也不是最底层的无知识人的所谓'集体意识'，而是一种'日用而不知'的普遍知识和思想，作为一种普遍认可的知识与思想，这些知识与思想通过最基本的教育构成人们的文化底色。"

——葛兆光《中国思想史》

5.1 传统聚落中的民间文化

封建社会的中国是以农立国的，农业生产有着特别重要的地位，世代生活在土地上的农民有着强烈的家庭观念，而家庭是组成社会的最基本的单位，它不能与社会隔绝或游离于社会之外。社会所赖以维系的则不仅仅是物质功利的力量，它必然还要受到思想观念、政治制度、宗教信仰、法统伦理、道德观念、血缘关系、生活习俗等多种非物质功利等因素的影响，从这种意义上讲，文化对于聚落的影响是具有决定意义的，聚落空间也必然反映民间文化。

聚落所反映的文化是通过多种途径实现的，其成果凝结在劳动人民世世代代的生产生活之中，为了便于理解，本章从四个方面着手研究。其一是环境方面，在这方面的主要贡献是"风水"理论，不管是不是符合我们今天所理解的科学，"风水"都一直在古代先民的设计中发挥着重要的作用；其二是空间方面，空间所反映的文化不是显性的，同时也没有一定之规，既受到地理因素的直接影响，又需要观察者具备专业素质才能发觉，但这却在宏观层面上暗示了地域文化特征；其三是建筑方面，不同地区的文化最为直观的是反映在建筑上，作为赖以生存的空间，人们赋予建筑的象征意义非常显著，不同的建筑类型反映出不同的道德取向，不同的建筑格局反映出不同的气候特征，不同的建筑色彩反映出不同的审美意识；其四是装饰方面，建筑装饰是一种手工艺创作，在手工艺创作当中，人们最容易把现实追求表达出来，这种表达是同时融入美感和象征的。以下对这四个方面进行详细研究。

5.2 民间文化在环境中的反映
5.2.1 传统聚落中的"风水"观

中国古人在对聚落的选址和修建过程中所依托的理论是"风水"理论。"风水"观念起源于对地景的崇拜，用于指导环境规划的总体思想。它在实际的应用中不仅考虑到"藏风纳气"等思想，也包含了社会、经济、防御、生产等要求，在形态上多具有象征意义。它的流传有着一定的社会文化背景，脱离这种背景而对其褒贬都是缺乏依据的。它之所以生存流传，所依赖的哲学体系和社会价值观与现代社会唯物论的哲学体系和社会价值观是完全不同的，以我们现代的哲学观点和科学方法论来衡量"风水术"

所得出的结论只是局部的，也是不客观的。

"风水术"是中国古人在不断完善居宅建造经验与技术，在物质条件提高的情况下用以追求精神生活理想（升官、发财等）的一种方法体系。它包含了民俗学、文化学、建筑史学、园林规划学、室内设计等各方面各类型的学科内容，是一个跨学科的复杂的理论体系。第一，"风水术"是古代居住观的体现，对研究传统居住文化背景有着非常重要的意义。第二，先脱开"风水术"的价值内涵，我们可以发现它其实是有关于空间使用的学说，再者我们发现传统空间意识是和天文学的理论方法密切相关的，从而与时间意识有着密切关系，进而形成了一种传统空间的审美意识。这种传统空间的审美意识完全融入中华民族特有的意识形态中，成为我们民族审美观的标准之一。第三，"风水术"一直采用的将居舍与环境作为一个有机整体进行研究的方法是传统天地观中典型的思想理论。第四，从本质上说，"风水术"不是一门对客观因素作客观分析的学问。"风水术"是一门通过客体而实现主体价值、追求主观愿望的传统方法体系，这其中也就包含了非科学的成分。

"风水术"是中国一种独特的民俗文化，亦是一种神秘文化，在全国各地盛行，并受到从帝王到一般平民的崇信。"风水术"研究的对象是死者的葬地和生者的居住地，习惯上称之为阴宅、阳宅，实际应用包括从葬制到居住地的规划与建造。阳宅分为帝王的帝都及宫殿、宗教方面的寺观、商业上的铺面店房及百姓的居住村落宅院等类型。"风水"对民居建造的影响可以分为三个方面：集居住地的选择、居民外形及环境的安排和宅内空间布局的要求等。在村落选址方面，主要以江西峦头派的理论为依据，要求按"觅龙、察砂、观水、点穴"的步骤对村落周围的自然环境及生态环境进行考察，然后定址，因为山水可决定大的气流方向，以及"风水"学中称之为具有"生气"之处所。有的专家总结阳宅村落的理想模式为"枕山、环水、面屏"三条原则（图5-1），以此考察南方山水交融地区的村落大都如此，应该说传统"风水"学说有一定的选择用地的成熟经验。

负阴抱阳

金带环抱

5.2.2 "风水"在徽州民居中的应用

徽文化和徽商造就的皖南古村落是具有典型的地方文化特色的古村落。15世纪末至18世纪中叶称雄于商界近300年的徽商集团，是皖南古村落发展兴盛的最主要和最直接的因素，他们是村落建设的投资主体。以"程朱理学"为精神内核的徽文化，则对村落的选址、布局、建设、装饰有着直接的指导和影响。对古村落形成最直接、影响最大的因素首推"风水"理论。

山（玄武）

道路（白虎）

河流（青龙）

池（朱雀）

图5-1 民居"风水"图示
（绘自《风水理论研究》，天津大学出版社，1992）

比如安徽歙县呈坎村的"风水"应用。呈坎古村至今仍保持了村落形态的完整性，尤其是古村落所具备的"风水"现象在皖南古村落中最具有典型性，其所保存的罗东舒祠和长春社屋在皖南古村落中具有唯一性。呈坎村落的"风水"现象主要有以下几个方面：

(1) 体现了"风水"理念的村落名称

呈坎是什么意思呢？《说文解字》中"呈"的本意是"平也"，"坎"从伏羲先天八卦所定方位看，应属西方，再从"坎"所对应的自然现象看，应属水，很明显，"水西边的平地"就是"呈坎"二字的真实内涵。

(2) 体现了"负阴抱阳"的"风水"理念

"负阴抱阳"是建筑选址和建筑格调的基本形式之一。呈坎村落整体形态是坐西朝东，完全体现了背山面水的"负阴抱阳"
形式。呈坎村背山依水，山环水抱，地势平坦，但有一定的坡度，
这种优美的自然环境、良好的局部小气候环境正是通过"负阴
抱阳""风水"理念的实践所获得的。（图5-2）

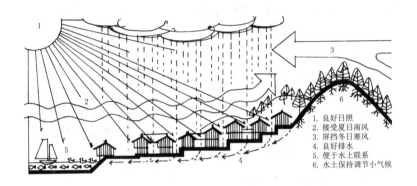

1. 良好日照
2. 接受夏日南风
3. 屏挡冬日寒风
4. 良好排水
5. 便于水上联系
6. 水土保持调节小气候

图5-2 村落选址条件分析（绘自《风水理论研究》，天津大学出版社，1992）

(3) 最佳"风水"模式的村落典范

根据"风水"理论的指导，同时也是出于村落发展建设用地
的实际需要，呈坎村祖先罗氏家族不惜耗费巨资，使河水改道，
绕祠堂前面而过。这样，不但扩大了村落建设用地，而且还将原
来对村庄直射之水形改造成为冠带形，完全符合了"风水"理论。

(4) 以人工补村落水口天工之不足

水口，是皖南古村落的一个非常重要而又非常特别的组成部
分。水口的概念，源于"风水"理论，但在皖南古村落中，水口
经过人工的补充，往往成为该村落的形胜之地。呈坎水口，既有
自然形态，又有人工刻意营造，否则就达不到"藏风聚气"的效果，
也就不能全面地体现"风水"理论对村落建设的指导作用。

再以安徽黟县宏村（图5-3）为例，从选址开始，宏村就严
格地遵循了"风水术"的法则。中国地处北半球，而且绝大部分

地区处在北回归线以北，所接收到的阳光基本上是来自于南方，这样才可以获得最充分的采光。古人认为山南水北为阳，在这样的环境下，北面的山可以阻挡北面的寒流，南面的水可以保持空气湿润，使环境单元内的气温稳定，这对人们的生产、生活和环境的协调都是有利的。而且"风水"学中往往用青龙、白虎、朱雀、玄武来表示方位。《葬书》有云："以左为青龙，右为白虎，前为朱雀，后为玄武。"《阳宅十书》曰："凡宅左右流水，谓之青龙；右有长道，谓之白虎；前有汗池，谓之朱雀；后有丘陵，谓之玄武，为最贵地。"我们可以从宏村的平面图中看出宏村的布局是非常符合上述标准的：左面即西面为西溪和羊栈河，右面即东面为际泗公路，前面即南面为南湖，后面即北面为雷岗山。当然，其中并不是每个要素都是天然的，例如南湖就是后来修造的人工湖，但是得天独厚的自然环境是宏村建筑布局的前提和关键，在风水理论指导下营建的宏村，历经数百年，仍然是与聚落充分融合的聚落典范。

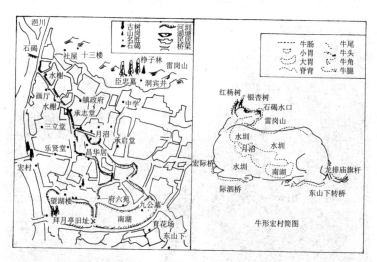

图 5-3　牛形宏村（绘自《世界文化遗产宏村传奇典故》，中共际联镇党委际联镇人民政府编，2001）

5.3　民间文化在空间中的反映
5.3.1　苏州传统聚落的水乡文化

　　苏州地区的古镇是江南古镇分布最为密集的地方，整体格局保存也较完好，从古镇群体空间来看也可以发现其文化内涵。苏州文化属吴越文化体系，相对于粗犷雄浑的中原文化而言，苏州所蕴含的江南文化是温和秀美的，较少受到严格的宗法礼制思想的束缚，由于经济发达，生活中常采取更加务实的生活态度。"业商贾、务耕织、咏诗书、尚道义"是苏州古镇的社会意识和民俗风情的真实写照。苏州古镇凭借河网及适合的地理条件发展起来，在城镇生长的过程中并不破坏基地的原有形态，而是本着尊重环境的态度，善于对现有的条件加以利用，从而形成了古镇各不相同的布局和总体形态。

　　古镇的空间格局与自然水网紧密相连，所处的地形条件也较为平坦，河道平静地浮在大地之上，水边就是一排排枕水而居的白色房子，时而有座拱桥横跨在河道的两岸，桥下的半圆拱形空间恰容轻舟穿行，水面的倒影十分好看（图5-4）。古镇内部街

图5-4　周庄石拱桥

道自然蜿蜒，既不过直，也不过曲，与河道的距离若即若离，彼此由一条条狭窄的巷弄联系起来，时而还有石阶伸至水中，提供了又一处可以观赏的视点。古镇中很少有明显的集会广场，普遍存在的公共空间除街道以外，更多地出现在村口码头或是桥头的茶社，有的也会建一两处戏台供镇里居民充实文化娱乐之用，再者就是各式各样的廊檐之下了。这种空间形态表达了江南地区百姓的一种乐观、文雅、温和的文化情操，也可以看出古代文人"大隐于市"的生活方式，可以说古镇形态是与自然环境、文人文化水乳交融的。

5.3.2　徽州传统聚落的徽商文化

徽州文化是基于东汉、西晋、唐末、北宋四次北方强宗大族的南迁带来了先进的生产技术和中原文化而形成的。南宋以来，这里更是文风昌盛，人文荟萃，成了"东南邹鲁""礼仪之邦"。徽州文化内涵丰富，在各个层面、各个领域都形成了自己独特的流派和风格。

新安理学：中国思想史上起重大影响的学派，其奠基人是程颢、程颐，集大成者是朱熹，他们的祖籍均在徽州（今黄山市屯溪区篁墩）。新安理学重视对理欲、心物、义利、道德、天人及其关系的逻辑论证，著述宏富，提升了徽州文化的理性思维，培养了深厚的理性主义传统。

新安画派：新安绘画源远流长。其代表人物都是出生于黄山脚下处于改朝换代之际的遗民画家，他们深怀苍凉孤傲之情，主张师法自然，寄情山水，绘画风格趋于枯淡、幽冷，体现出超尘拔俗和凛若冰霜的气质。"新安画派"的领袖是江韬，现代后继者中名声最大的首推黄宾虹大师。

徽派版画：明代中叶兴起于徽州的一个版画流派，是徽籍画家和刻工通力合作的艺术结晶。它以白描手法造型，富丽精工，典雅静穆，抒情气息浓厚。

徽派建筑：中国古代社会后期发展成熟的一大建筑流派。明中叶以后，随着徽商的崛起和社会经济的发展，徽派园林和宅居建筑亦同步发展起来并跨出徽州本土，在大江南北各大城镇扎根落户，徽派建筑的工艺特征和造型风格主要体现在民居、祠庙、牌坊和园林等建筑实体中。

徽商，即徽州商人，徽商始于南宋（1127—1279年），发展于元（1271—1368年）末明初（1368—1644年），形成于明代中叶，盛于清代中前期（1644—1840年），至中晚期日趋衰败，前后达600余年，称雄300年，在中国商业史上占有重要地位。徽商往往是官、商一体。徽商一旦发迹，衣锦还乡，大兴土木，建楼院、祠堂，修路桥、会馆，以荣宗祖，壮大势力，特别热衷于兴院，开学堂，办试馆，培养封建人才，巩固宗法统治。明、清时，徽州名臣学者辈出，仅仅有5个小县城的进士（中国古代考试中的一个级别）就有2018人，而歙县一地，明、清即有43人列入诗林、文苑，出现过"连科三殿，十里四翰林"、父子同为"尚书"（一种朝廷里的官职）、兄弟两个一起为"丞相"（朝廷中的高官）的逸事，造就了诗书礼仪之风，培育了竞相怒放的徽学之花，给后人留下了异彩纷呈的人文和历史景观。

反映在空间上，徽州民居古村落成为中国古代"风水"思想同儒家礼制观念的统一，村落选址受自然条件影响较大，并且多由"风水"先生规划，因山就势，藏风纳水，总体比较灵活（图5-5）。而在住宅内部又形成了主次分明的居住格局。此外，由于徽商多富庶，使得

图5-5 安徽西递村总平面（绘自《从传统民居到地区建筑》，中国建材工业出版社，2004）

村落整体防卫性较强，内部街巷曲折，与江苏古镇那样有明确的网络系统之间存在着较大的差别。

5.3.3 巴蜀传统聚落的场镇文化

川中大地，钟灵毓秀，物华天宝，人杰地灵，场镇空间形形色色，不少专家共识其空间特征时，认同"飘逸"为其形神之貌。巴蜀地区的广袤大地上分布着大大小小近千条河流，在河流中，开阔段的平坝上逐渐兴起大一点儿的场镇，统称首场，往往成为县城所在地。面积小一点儿的农业区内，数百户以上的中等场镇多达 3000 多个。这些市镇的出现可以说是造就一方中心，中心不在大小，其功能表现为聚合一方的物质和精神，中心也不仅在自然地理等距离的交汇点上，而是呈现出多种类型的特点。中心场镇为农业文明孕育而成者占多数，场镇布点也是以农业地理为基础的。所谓"场镇"，是市集和"小商业都市""基层行政区域单位，以工商活动为主的小于城市的居民区"的合称。

巴蜀场镇的空间形态与地理环境十分密切，以合江福宝场为代表的农业中心场镇所选择的地理条件位于山区与坪坝交界点上，反映了一种心理上的进退适体的中心感，这是古人与大自然斗争以及人类之间争斗防御意识的残存。而以水陆交通为主干所形成的沿江场镇，则另有一番情理，对于解决地理条件的困难所产生的空间形态，概括起来可以分成四类：一是沿江河岸，平行等高线布置，此类占绝大多数；二是垂直等高线布置；三是部分平行、部分垂直的结合布局；四是在同一等高线上的平地布局。这四类一方面满足空间的合理性，另一方面也是情理共生的结果。在山地向丘陵的过渡地带，常出现深丘的地形，也就出现了不少建立在山顶台状、桌状、方状式地形上的场镇。这类场镇沿山脊兴街集市，街道顺山脊走向布局，脊高则街高，脊低则街低，街道两旁的建筑亦随之起伏，表现出以山区场镇为依托的民俗民风立体图景。

5.4　民间文化在建筑中的反映

5.4.1　建筑类型的文化特征

　　传统聚落虽然以居住为主导，但由于地方的宗教宗法、经济生活、民俗习惯、文化程度的不同，也会出现各种不同的建筑类型。这种建筑类型是指功能上的分类，有满足于实用要求的，也有满足于精神要求的，体现文化更多的是在反映精神要求的类型中。以徽州为例，自南宋始而以明、清两朝为最的几百年间形成了特色显著的徽派文化，徽派建筑、新安画派、朱熹理学等灿烂的文化都源于此。徽州地区原为古越人之天下，自汉以来，大量中原汉民涌入徽州，使汉越两大文化在此融合，汉、越人民共同开发了这一地区自给自足的农耕经济和以血缘为主的宗法大聚落。接着是徽商的崛起。一是徽州地狭人稠，民皆仰给四方；二是徽人文化层次较高，精明而讲信义，从而采取"富而张儒，仕而护贾"的策略，形成"无徽不成镇"的局面。这种外向型的经济和儒贾特征，使得业已构成的新文化圈继续源源不断地主动汲取荆楚、淮扬、杭严、饶赣等四面八方的文化精华，充实、丰富、完善、提炼了自己的地区文化。在建筑类型上，除普通民居以外，也就出现了宗祠、牌坊、书院等新的建筑类型。

　　宗祠——宗祠、支祠和家长共同构成了中国家族制度，徽州是家族制度最为发达的地区之一，在徽州，祠堂遍及乡村，如黟县西递村，极盛时竟有总祠、分祠大小 20 余座，总祠敬爱堂两院三进大厅，成为西递民居聚落里的建筑高潮和精神中心。绩溪县龙川村胡氏宗祠，仅大门即四柱三楼，梁长 4 米，高半米，挑檐枋，如意斗拱，极其雄伟，门额为文徵明书，足见徽州和苏吴的交往与文化渊源。歙县呈坎村"宝纶阁"（图 5-6）的鲍氏总祠被列为文物重点保护。徽州商贾官儒一体，既有光宗耀祖、强化宗法统治的需要，又有财力物力营建的可能。

　　牌坊——徽州牌坊名冠全国，仅歙县统计清代记载就有 186

座，现仍完整保存的有94座之多。牌坊由"门"演化而来，大量在聚落入口单独设置或分割聚落内部空间，比如棠樾牌坊群（图5-7），这在北方中原地区村落中是极其少见的。如果说祠堂是徽州民居聚落内部"礼"的凝聚，那么牌坊则是聚落与皇帝"礼"的维系。此外还有大量牌坊彰显妇女的"节烈"，徽人少年即外出经商，黑头直到白头回，商妇持家守节，寂寞与辛酸换来一座座"贞节牌坊"，也反映出徽州地区封建思想的浓重。

书院——徽商皆儒贾，"富而张儒，仕而护贾"，书院建筑提高了徽州乡村聚落的文化层次。以保存完整的歙县雄村"竹山书院"为例（图5-8），整个书院建筑群临江而立，位于雄村之端，亭廊院厅布局灵活，颇得扬州、苏州园林之雅趣，给徽州民居增添一分书卷气质。

图5-6 呈坎宝纶阁　　　　　　图5-7 棠樾牌坊群

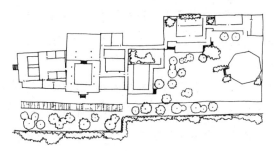

图5-8 竹山书院（绘自《从传统民居到地区建筑》，中国建材工业出版社，2004）

5.4.2　建筑格局的文化特征

民居的建筑格局一方面受当地地理条件和气候特点的影响，另一方面来源于民族迁徙过程中所传承的先民文化，传承的过程又是发展的过程，是培育一种新文化的过程。我国地域辽阔，民族众多，民居建筑样式多种多样，西北窑洞、蒙古毡房、西藏碉楼、客家土楼、土家吊脚楼、晋中大院、北京四合院等层出不穷，每种形式中都蕴含着深厚的文化源流，不容轻视。在黄河、长江流域的民居建筑中占主体的主要可归纳为北方的合院式和南方的干阑式两大类，在这两大类中又经过长期的文化碰撞而不断融合演变，形成很多新的样式，这些新鲜的文化血液的注入又丰富了各个地域文化圈层的内容。

徽州民居（图5-9）以平面规整的三合院为基本规式，即正房为三间两层楼式形制，前面高墙围护，四周围以高墙，正房前形成扁长的天井。正房下层堂屋为敞厅式，作为日常起居之用，左右间为卧房，上层当心间作为祖堂奉祖先牌位，两侧厢房作为贮藏或交通之用。稍大型的住宅亦可做四合院，再大型的可为三间两进堂，即两座三合院相背而建，前后各有一天井，两厅合一厅。最大型的为三间三进式，有些多进多列的大型住宅在纵列之间设有火巷，在徽州民居中仅有少量的大户或文化气息较浓的住家附建有花园。徽州民居的空间组合规整，既适合当地气候，又比较节省用地，同时也满足了家族的私密性要求，在外观上注意形体轮廓及马头墙的运用，用色十分淡雅清新。内部玲珑华贵，做工精巧，并十分注重庭院绿化及小空间的处理，这些都构成了徽州民居的鲜明特色。

江南民居以苏州民居为代表，清代以来，退休官僚、富商定居苏州者较多，造就了不少精美的宅第，有的还把园林、家祠连建在一起。苏州典型的大宅院是由数进院子组成中轴对称式的狭长布局（图5-10），可由前巷直抵后巷，坐北朝南依次布置门厅、

图5-9　徽州民居聚落（绘自《乡土中国·徽州》，生活·读书·新知三联书店，2000）

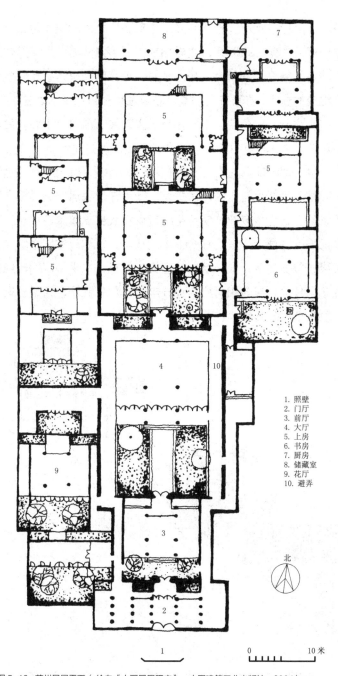

1. 照壁
2. 门厅
3. 前厅
4. 大厅
5. 上房
6. 书房
7. 厨房
8. 储藏室
9. 花厅
10. 避弄

北

图 5-10　苏州民居平面（绘自《中国民居研究》，中国建筑工业出版社，2004）

轿厅、大厅、女厅。纵长的苏州住宅各厅之间的交通是依靠建筑在山墙外的避弄来联系，避弄加盖小屋顶以防雨，采光是依靠小天井后天窗亮瓦来解决。特大型的住宅可以拥有两条或三条纵轴线组成的住宅，亦可在宅后或侧轴建造模拟自然山水之趣的宅园。有些小户则临河建宅，平面多为一堂二厢，前有小天井，后靠水建码头，"人家尽枕河""楼台俯舟楫"即是此状。

　　重庆地区常见的民居形式（图5-11）是吊脚楼，严格地讲，吊脚楼并不能算是一种民居类型，因为任何民居布局类型在困难的条件下，为争取建筑使用空间皆可将底部支撑木柱接长，支顶在深陷的基面上，呈现柱脚下掉的状态，被称为吊脚楼。成片的吊脚楼气势浩荡，加之楼群的屋檐、腰檐，水平带状的横线条与众多吊柱的直线条相对比，十分丰富又分外壮观，这是巴蜀人应对复杂地形的智慧。

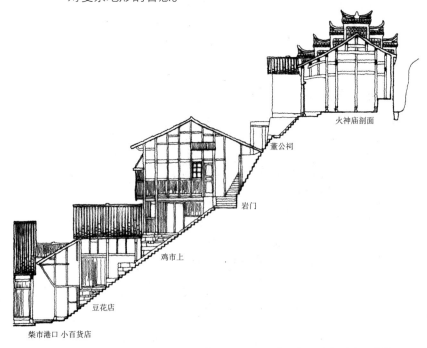

图5-11　福宝场回龙街剖面局部（绘自《乡土中国：福宝场》，生活·读书·新知三联书店，2003）

5.4.3　建筑色彩的文化特征

建筑的色彩形成一部分原因是在于材料的本质，一部分原因是功能的要求，还有一部分原因是美的认识。早期建筑的色彩基本来源于建材的原始本色，没有多少人为的加工，记载中的"茅茨土阶"就数这一类，在今天所看到的农村房舍可以反映出这样的情景。后来，人们认识并掌握了矿物质和植物的颜料，并将其中一些用于建筑作为装饰或防护涂料，这样就产生了后来的建筑色彩。但建筑色彩的使用并不仅仅受生产条件的制约，还为统治阶级的意识形态所左右，使色彩具有了等级，比如《礼记》中所规定的"楹，天子丹，诸侯黝，大夫苍，士黄"即为一例。正因为如此，民居所采用的颜色就必然受到限制，也因为如此，才使得居民在有限的可选范围内创造出更为动人的色彩。以徽州（图5-12）、江苏（图5-13）地区民居为例，建筑的主体色调为灰瓦白墙，配上一两盏红灯笼，安静地生长于青山碧水之间，建筑与自然存乎于有无之间，宛如一幅幅水墨丹青，荡漾着浓郁的文人书卷气。再比如巴蜀民居（图5-14），以穿斗式木结构为建

图5-12　安徽唐模

图 5-13　江苏周庄

图 5-14　重庆三合场

筑骨架，围护结构以竹耙抹灰和木板为主，不加其他装饰，渗透着川人泰然处之的人生哲学。

5.5　民间文化在装饰中的反映

5.5.1　中国古代民居的建筑装饰

中国古代的建筑装饰包括粉刷、油漆、彩画、壁画、雕刻、泥塑以及利用建筑材料和构件本身色彩和状态的变化等。以雕刻为例，民居建筑中可以施以雕刻的材料仅为木、砖、石三种，竹子虽然也可作为建筑材料，但因材料断面细小，而且中空，雕琢以后恐伤其本，所以很少雕饰。首先看一下木雕，建筑木雕在民居中使用极为广泛，工艺虽有精粗之分，但皆可自成一派，总体来讲，北方木雕较粗犷，用材一般，大部分属于结构构件的美化加工，纯雕饰较少。而南方木雕纤细，附加雕饰很多，大胆使用透雕。木雕图案的题材南北也稍有不同，北方以花草、几何图案为主，而南方除花草、锦文图案以外，又夹杂动物、人物之故事情节的内容。其次是砖雕，砖雕即是在青砖上进行雕刻加工的工艺技术，砖材比木材硬，不怕雨，又比石材软，易于加工。民居大量采用砖雕是在明代以后，砖雕题材与木雕近似，雕刻手法也遵循木雕格式，仅花纹较粗壮而已。

再有是石雕，在古代，石材一直没有作为建筑的主要材料，仅在附属建筑或装饰物中使用，如石阙、石室、画像石、石人、石兽等。应用到建筑中也多限于宗教、纪念建筑及宫殿衙署等，至于民居建筑中则较少使用石雕，北京四合院仅表现在大门抱鼓石等少数部位，南方应用比较多，如石门框、石枋、石抱鼓、石栏杆、石础、石花窗等。

建筑装饰所反映的民间艺术是直接的，能够看出主人的个人喜好，也能看出主人所生活的阶层的喜好。以徽州民居为例，徽州虽然地处南方，但徽州人大都由北方迁徙而至，对中原礼教尤为尊崇，并将汉文化与当地越文化相融合。徽州人多为商贾，又乐衷于仕途，因此其生活憧憬即是一种吉祥观念，可以概括为福、禄、寿、喜等，在建筑装饰上也多有体现。再比如巴渝地区的民居则很少装饰，该地区山岭险峻，交通不便，地理上与中原的交流就比较少，此外又多受当地少数民族的影响，使川人性情开放，远离中原礼教，追求道家的恬静自然，更为乐于现实的物质生活和真山水的大自然感受，这些特点都会从建筑装饰中得到一定的反映。

5.5.2 苏州民居的建筑装饰与淡泊闲适、文人气质

苏州民居建筑在装饰上表现得比较含蓄，从外观上看，建筑灰瓦白墙，屋脊和墙面几乎没有装饰，即使是建筑最重要的装饰部位门楣，也做得不如徽州民居的门楣那样夸张。苏州民居建筑的装饰（图5-15~图5-19）主要表现在建筑群体内部，如门扇、窗扇、隔扇、漏窗上。这些装饰的目的不在装饰本身，而是为了透过它去观赏外部的景观。透过漏窗，风景似隔非隔，似隐非隐，光影迷离斑驳，可望而不可即。这类装饰的图案也比较简洁，大多为简单的几何形图案，比如矩形、菱形、花瓣形等，即便是较为复杂的图案也以文雅脱俗为主题，比如狮子林的"四雅"漏窗，即琴、棋、书、画四漏窗。四个不同形状的漏窗中，依次塑有古琴、

图 5-15　怡园漏窗

图 5-16　留园漏窗

图 5-17　周庄民居门楣

图 5-18　周庄民居室内

图 5-19　留园庭院

围棋棋盘、函装线书、画卷，这些富于鲜明文化特色的图案内容，为建筑增添了不少雅气。这些都充分体现了苏州民间文化的淡泊闲适和人文气质，装饰不为炫耀而为怡情。

5.5.3　徽州民居的建筑装饰与文风家世、官运昌隆

徽州地处皖南山区，峰峦叠嶂，清溪娟秀，明清时期大部分徽商都

是先读书做官后在外经商，构成"官、儒、商"三位一体的文化
情结，主人往往将自己的人生追求、精神理念与审美情趣都融入
这些建筑的装饰之中。在建筑那粉墙黛瓦，看似简朴含蓄的外形
和精美的石雕、砖雕、木雕之中，都蕴藏着对中国传统文化的追求，
繁复又直白的艺术形式在其宗教伦理、地域环境、文化思想等多
种因素的交错影响下，形成了独特的风格。徽州的建筑装饰比较
夸张，从室外到室内，飞挑的檐角，鳞次栉比的兽脊斗拱，高低
错落、层层昂起的马头墙，无不显示主人的富庶。室内更是雕梁
画栋、富丽堂皇。

　　徽州由于受当地乡土观念的影响，其民居装饰雕刻显得亲切
实用、直白通俗（图5-20～图5-24）。主题内容为民俗、伦理、
宗教三方面，其中以融合了民俗的吉祥主题最具代表性，其形式
大致分为利用谐音造型和形象寓意两种。利用谐音指物会意的象
征手法，在民俗中也被称为"讨口彩"，常借画面表达加官晋爵、
富贵如意一类封建文化意识较浓的思想内容，主要造型有：洪福
（蝙蝠）齐天、六（鹿）合（仙鹤）同春、喜（喜鹊）上眉（梅树）
梢、马上封（蜜蜂）侯（猴子）、平（花瓶）升三级（戟）等；
利用形象直接寓意的则选用祥禽瑞鸟（鹤鹿常春、鸳鸯戏莲）、
花卉果木（榴开百子、富贵牡丹）、人物神仙（仙人寿叟、刘海
戏金蝉、郭子仪上寿）等形象来表示婚姻美满、健康长寿的美好
希冀。可以想象，长年与这许多的"吉祥"相伴，居住屋内的人
自会心气平和。还有一些古民居的装饰另有一番象征的用途，如
村中院墙上多见雕有扇形和叶子造型的青石漏窗，是多年在外后
归隐田园的官商们借此谐音表达"出门见善""落叶归根"的象
征喻义。这些漏窗从视觉形式上也使得墙面更为生动，给人一种
闭而不绝、连而不断的意境之美。另外，徽州古民居中的一些旧
式陈设也对装饰造型的指物寓意法有所反映，如厅前迎面的紫檀
压画桌中间放置古钟，东侧为瓶，西侧为镜的布局方式，即是利

用谐音作用巧妙地表达一种"终（钟）生平（瓶）静"的意愿，透射出主人对生活最朴素的寄望及对人生的诸多感悟。古建筑中这些装饰造型的象征性都含蓄地体现了鲜明的民俗审美意蕴。

图 5-20　黟县卢村

图 5-21　婺源思溪村某宅

图 5-22　黟县西递村

图 5-23　婺源思溪村某宅

图 5-24　黟县南屏村

6　结　语

6.1　空间研究成果解释

本书在对徽州、苏州、巴蜀等地区的传统聚落进行实地调查研究的基础上，对传统聚落外部空间形态得以形成的各个方面展开研究，研究得出了聚落审美和空间设计之间的关系、空间形成机制，以及具体的空间设计方法。

本书对聚落外部空间的研究可以归纳为"横向"和"纵向"两个体系。横向体系呈现一种并列关系，各要素之间地位均等，彼此共同作用，主要体现于设计角度；纵向体系呈现一种递进关系，各要素之间或从内在到外显、或从概括到具体、或从总体到局部，彼此具备因果联系，主要体现于研究角度。

比如聚落空间审美诸因素之间呈现一种横向关系，空间、自然、文化三者是构成聚落审美理论的三个方面。再比如视觉美学的空间设计方法中包括序列空间设计、公共场所设计、相似与相异空间设计、界面设计，以及尺度设计者五要素，它们之间也呈现一种横向关系，彼此共同作用。就序列空间设计而言，其设计特征呈现不规则性，空间组成包括入口、街道和中心，其中街道的设计方法有垂直变化、水平变化和空间阻隔等三种方法，这是一种递进的关系，也就是说视觉美学—序列空间设计—不规则性—街道—水平变化这几者之间呈现一种纵向关系。下面就将分系统对研究成果进行总结论述。

6.2 聚落审美诸系统总结

6.2.1 空间美学设计系统

本书在体现视觉美学的空间设计方法研究中提出了五个方面：

第一，序列空间设计。聚落中的序列空间设计呈现不规则性特征，一般由入口、街道和中心组成。序列的入口有三种构成方法：第一种是以标志物为特征的入口，第二种是以引导空间为特征的入口，第三种是暗示性的入口。序列中的街道空间具有两方面的因素，一方面是街道的长度，另一方面是街道的变化。聚落中的街道空间变化可以是水平方向的，也可以是垂直方向的，还可以是空间中的阻隔段落。序列中的中心构成因此具备五个特点：一是中心要有一定规模，二是中心要围绕核心公共建筑，三是中心大都为交通枢纽，四是中心一般位于地理几何中心位置，五是中心可以开展公共活动。

第二，公共场所设计。聚落中的公共场所是聚落的精神核心，也是聚落的生活核心。聚落中的公共领域应具备三个特征：首先是聚合性，聚落公共空间要有凝聚力；其次是公共建筑，聚落公共空间围绕中心公共建筑展开；再次是公共活动，聚落公共空间内要经常性发生公共活动。此外，聚落中的公共空间呈现多种形式。

第三，相似与相异空间的设计。聚落中的空间特征总的来说是同中求异、大同小异。其中的"同"是对原型的模仿和积累，其中的"异"是个体的优化和变异。

第四，界面设计。聚落中的界面设计呈现复合性特征，一般分为四种类型。首先，封闭的界面，这种界面形式具有空间的限制性；其次，开放的界面，这种界面形式具有心理暗示作用；再次，以空间作为界面，这种界面形式将会引发人们活动的介入；再有，空间之间的相互转化。

第五，尺度设计。聚落的尺度是人性化的尺度，从聚落的外部来看，聚落的尺度与自然环境相协调；从聚落的内部来看，聚落尺度与人自身相协调。

6.2.2　环境美学设计系统

在自然环境方面，本书抽取了若干环境要素作为研究对象。首先是自然山水对聚落设计的影响，是有文化观念和空间审美的双重作用。其次是地面天空的设计，聚落中地面与天空的设计实际上是屋顶和台阶的设计。屋顶的设计规范了光线和天空的形状，地面的设计则顺应了地形地貌。再次，聚落中对风的设计，遵循了与当地气候条件和民俗信仰相适应的原则，设计方法属于物理学上的方法，用来解决空气流通以营造适宜的小气候的问题。第四是聚落中对水的设计，水是古代中国人一种生活哲学的象征，丰富了聚落空间的意境，提升聚落美学价值，同时也能够满足交通、生活等实用性。第五是聚落中对光的设计，对光的设计并不是十分强调，其中非刻意性占的成分较多，既能够满足使用功能的需要，又能够达到一定的空间美学效果。最后，自然材料的运用在聚落美学中起到重要的作用，使聚落的自然性得到更为具体的体现。

6.2.3　文化象征设计系统

本书总结了聚落中反映地域文化的四个方面，这部分更多的是我们如何从这几个方面去认识聚落文化，而不是通过什么具体的设计方法来创造文化。

首先，环境设计，聚落中的环境设计一般是以"风水"理论为指导而开展的，这本身就是文化的一种反映。

其次，空间设计可以反映出地域文化，它源于生存方式和自然形态的相互作用。

第三，建筑设计可以反映出地域文化，这源于地域性与文化的传承性的统一，可以表现在建筑类型、建筑格局和建筑色彩三方面。

第四，建筑装饰可以反映出地域文化，它是民俗文化的直接反映。

6.3 成果归纳表

以上是对本书研究内容的总结，为了便于阅读，将上述内容编制成表（表6-1），以起到直观易读的效果。聚落空间形成并无一定之规，可以说每一个的特色都十分明显，很难用三言两语概括出来，但基于表的格式，表中措辞比较简单，并不能充分反映出写作意图，因此须结合原文阅读，这样会有比较深入的了解。

表6-1 成果归纳表

聚落空间审美因素	设计内容	设计特征	设计方法
空间因素	序列空间设计	不规则性	组成：入口（标志作用、导向作用、暗示作用）；街道（水平、垂直、阻隔）；中心（规模、公共建筑、交通枢纽、几何重心、公共活动）
	公共领域设计	场所感	聚合性、核心公共建筑、公共活动；多样化的形式
	相似与相异空间设计	同中求异	模仿、优化
	界面设计	复合性	封闭型（空间限制）、开放型（心理暗示）、空间型（行为介入）、灵活型（空间转化）
	尺度设计	人性化	外部尺度协调与自然、内部尺度协调与自身
自然因素	山水与设计	因借山水	结合山水，与之相容
	地面与天空设计	自然而然	规范天空，顺应地势
	风的设计	气候特点与信仰	物理学的设计
	水的设计	生活的哲学	满足功能需要；创造意境的美
	光的设计	非刻意性	适应于使用功能、适用于空间美学
	自然材料的运用	自然生长	就地取材、充分利用
文化因素	环境设计		"风水"理论为指导
	空间设计		生存方式和自然形态相互作用
	建筑设计		地域性和文化传承性的统一
	建筑装饰		民俗文化的直接反映

6.4 展　望

本书所研究的内容系传统聚落的空间研究，自 20 世纪 80 年代以来，国内已然出现相关学术探讨，其间不乏著书立说者，那么为什么还要在这方面进行讨论？这种研究是否等同于对前人工作的简单罗列？研究的新意何在？在这里，作者需做以说明。

从研究内容来看，文章确实没有更为深入和创新的探讨，但从研究立意和方法上，却是采取了另一个视角。绪论中已经提到国内相关研究所存在的问题和鄙陋，在此不再赘述，而本书具备下述的四个方面却是一种回归到对事物本体进行研究的态度，并且可以拓展加深：

首先，从研究的目标来看，重在如何去认识聚落空间，从中获得感悟与启示，用来激发设计的灵感，为原创设计开辟出更为广阔的天空，这不同于历史性研究，也不同于纯理论的研究，而是实用主义的研究；其次，从研究的方法来看，更为在乎实地的考察、发现与感受，而不是文献引证，笔者认为这才是聚落空间研究的最为正确的途径；再次，从研究的系统来看，创立了一个新的认知体系，正是这个认知体系告诉我们为什么说聚落是美的，怎样发现聚落中的美及如何创造美的问题，也正是这个认知体系使聚落空间研究由零散变得系统，由抽象变得具体，由不可见变得可见；最后从研究的前景来看，采取的是例证法，仅仅列举了我国部分地区的少量聚落作为案例，而聚落本身又那样的千差万别，还有很多聚落可以考察，可以研究，可以说是大有可为。

当然，本书还存在着大量不足，比如案例研究不够深入、调查资料不够详尽、缺乏测绘等数据资料、相关学科较多但可参照性一般、局部仍有概念混淆等问题，希望广大读者给予批评指正。同时也希望笔者的研究就像一座石垒的拱门，也许它并不坚固，也并不好看，但是却指出了一个方向，可以因之前行。

参考文献

[1] F·吉伯德. 市镇设计 [M]. 程里尧, 译. 北京：中国建筑工业出版社, 1983.

[2] G·卡伦. 城市景观艺术 [M]. 刘杰, 周湘津, 译. 天津：天津大学出版社, 1992.

[3] 埃德蒙·N·培根. 黄富厢, 朱琪, 译. 城市设计 [M]. 北京：中国建筑工业出版社, 2003.

[4] 陈斌鑫, 王竹. "之内"与"之外"——两种空间基本状态的解读 [J]. 华中建筑, 2004, 22(3):57-58.

[5] 陈育霞. 诺伯格·舒尔茨的"场所和场所精神"理论及其批判 [J]. 长安大学学报：建筑与环境科学版, 2003, 20(4): 30-33.

[6] 陈志华. 乡土中国：福宝场 [M]. 上海：生活·读书·新知三联书店, 2003.

[7] 单德启. 从传统民居到地区建筑 [M]. 北京：中国建材工业出版社, 2004.

[8] 邓蜀阳, 叶红. 传统街区的空间场所营造 [J]. 重庆建筑大学学报, 2004, 26(5):1-5.

[9] 段进, 季松, 王海宁. 城镇空间解析——太湖流域古镇空间结构与形态 [M]. 北京：中国建筑工业出版社, 2002.

[10] 葛兆光. 中国思想史·第一卷 [M]. 上海：复旦大学出版社, 1998.

[11] 候幼彬, 李婉贞. 中国古代建筑历史图说 [M]. 北京：中国建筑工业出版社, 2002.

[12] 季富政. 巴蜀城镇与民居 [M]. 成都：西南交通大学出版社, 2001.

[13] 凯文·林奇. 城市意象 [M]. 方益萍, 何晓军, 译. 北京：华夏出版社, 2001.

[13] 李道增. 环境行为学概论 [M]. 北京：清华大学出版社, 1999.

[14] 李泽厚. 走我自己的路 [M]. 南京：安徽文艺出版社, 1994.

[15] 楼庆西. 中国古代建筑二十讲 [M]. 上海：生活·读书·新知三联书店, 2001.

[16] 芦原义信. 外部空间设计 [M]. 尹培桐, 译. 北京：中国建筑工业出版社, 1985.

[17] 鲁道夫·阿恩海姆. 视觉思维：审美直觉心理学 [M]. 滕守尧, 译. 成都：四川人民出版社, 1998.

[18] 克里斯蒂安·诺伯格·舒尔茨. 存在·空间·建筑 [M]. 尹培同, 译. 北京：中国建筑工业出版社, 1990.

[19] 彭一刚. 传统村镇聚落景观分析 [M]. 北京：中国建筑工业出版社, 1992.

[20] 孙大章. 中国民居研究 [M]. 北京：中国建筑工业出版社, 2004.

[21] 藤井明. 聚落探访 [M]. 宁晶, 译. 王昀, 校. 北京：中国建筑工业出版社, 2003.

[22] 托伯特·哈姆林. 建筑形式美的原则 [M]. 邹德侬, 译. 沈玉麟, 校. 北京：中国建筑工业出版社, 1982.

[23] 汪兆良. 世界文化遗产宏村传奇典故 [M]. 中共际联镇党委, 际联镇人民政府, 编. 2001.

[24] 王冬. 传统聚落中的模仿和类比 [J]. 华中建筑, 1998,16(2):1-3.

[25] 王建国. 现代城市设计理论和方法 [M]. 南京：东南大学出版社, 2001.

[26] 王鲁民, 袁媛. 场所和社会生活秩序的形成 [J]. 城市规划, 2003,27(7):76-77.

[27] 王鲁民, 张健. 中国传统"聚落"中的公共性聚会场所 [J]. 规划师, 2000,16(2):75-77.

[28] 王其亨. 风水理论研究 [M]. 天津：天津大学出版社, 1992.

[29] 王振忠. 乡土中国：徽州 [M]. 上海：生活·读书·新知三联书店, 2000.

[30] 吴家骅. 景观形态学 [M]. 北京：中国建筑工业出版社, 1999.

[31] 俞国良, 王青兰, 杨治良. 环境心理学 [M]. 北京：人民教育出版社, 2000.

[32] 原广司. 世界聚落的教示100[M]. 于天祎, 刘淑梅, 译. 马千里, 王昀, 校. 北京：中国建筑工业出版社, 2003.

[32] 袁丰. 中国传统民居建筑中模糊空间所体现的功能性 [J]. 华中建筑, 2003, 21(5):96-99.

[33] 张希晨. 皖南传统聚落的生态适应性 [J]. 江南大学学报：自然科学版, 2003, 2(2):190-193.

[34] 赵珂, 王晓文. 川渝山地小城镇传统形态 [J]. 重庆建筑大学学报, 2004, 26(6):13-17.

[35] 中国古镇游采编组. 中国古镇游 [M]. 西安：陕西师范大学出版社, 2002.

[36] 陈志华, 李秋香. 乡土瑰宝系列住宅 [M]. 上海：生活·读书·新知三联书店, 2007.

[37] 鲁道夫·阿恩海姆. 艺术与视知觉 [M]. 滕守尧, 朱疆源, 译. 成都：四川人民出版社, 1998.

图书在版编目（CIP）数据

传统聚落外部空间美学 / 金东来著 . — 南京 : 江
苏凤凰科学技术出版社，2017.2

　　ISBN 978-7-5537-7816-7

　　Ⅰ . ①传… Ⅱ . ①金… Ⅲ . ①长江流域－聚落环境－
审美分析－研究 Ⅳ . ① X21

中国版本图书馆 CIP 数据核字 (2017) 第 006489 号

传统聚落外部空间美学

著　　　　者	金东来
项 目 策 划	凤凰空间/于洋洋
责 任 编 辑	刘屹立
特 约 编 辑	于洋洋

出 版 发 行	凤凰出版传媒股份有限公司
	江苏凤凰科学技术出版社
出版社地址	南京市湖南路1号A楼，邮编：210009
出版社网址	http://www.pspress.cn
总 经 销	天津凤凰空间文化传媒有限公司
总经销网址	http://www.ifengspace.cn
经　　　销	全国新华书店
印　　　刷	北京博海升彩色印刷有限公司

开　　　本	710 mm×1000 mm　1 / 16
印　　　张	8
字　　　数	102 400
版　　　次	2017年2月第1版
印　　　次	2023年3月第2次印刷

标 准 书 号	ISBN 978-7-5537-7816-7
定　　　价	39.80元

图书如有印装质量问题，可随时向销售部调换（电话：022-87893668）。